农用种植屋面建筑构造

Building Construction for Rooftop Farming

丽水市建筑设计研究院　浙江省农业科学院　　编著
Lishui Architectural Design & Research Institute
Zhejiang Academy of Agricutural Sciences

中国建材工业出版社

图书在版编目（CIP）数据

农用种植屋面建筑构造 / 丽水市建筑设计研究院，浙江省农业科学院编著. -- 北京 ： 中国建材工业出版社，2021. 1

ISBN 978-7-5160-3036-3

Ⅰ. ①农… Ⅱ. ①丽… ②浙… Ⅲ. ①屋面－应用－农业－建筑构造 Ⅳ. ① TU-231

中国版本图书馆 CIP 数据核字（2020）第 169269 号

农用种植屋面建筑构造
Nongyong Zhongzhi Wumian Jianzhu Gouzao
丽水市建筑设计研究院　浙江省农业科学院　编著

出版发行：中国建材工业出版社
地　　址：北京市海淀区三里河路 1 号
邮政编码：100044
经　　销：全国各地新华书店
印　　刷：北京雁林吉兆印刷有限公司
开　　本：889mm×1194mm　1/16
印　　张：7.75
字　　数：200 千字
版　　次：2021 年 1 月第 1 版
印　　次：2021 年 1 月第 1 次
定　　价：88.00 元

本社网址：www.jccbs.com，微信公众号：zgjcgycbs

本书如有印装质量问题，由我社市场营销部负责调换，联系电话：（010）88386906

《农用种植屋面建筑构造》

Building Construction for Rooftop Farming

编著：丽水市建筑设计研究院　浙江省农业科学院

主编：刘小丽　李伯钧

参编人员：

说明、分层做法等文字内容：

设计：刘小丽

校对：徐鑫鑫　朱浏漪　管国伟　刘　荣　李伯钧

建筑节点构造图：

设计：刘小丽　李伯钧

制图：金欣钦

校对：“一般旱生”与“一般水生”作物种植屋面：

林路雯

“深覆土”与“深蓄水” 种植（养殖）屋面：

管国伟　朱浏漪

“坡顶种植屋面”：徐鑫鑫

“预制构件”：刘　荣

图稿修改：应柳安　杨红强　张凌涛

图稿完善：王　龙　**封面设计**：刘　涛　汤洋清　王　龙

英文翻译：阮文瑞　郑　奋　**英文审校**：胡　伟

附录（一）：

设计：刘小丽　李伯钧

校对：刘　荣　朱浏漪　管国伟

附录（二）、（三）：

设计：刘小丽

校对：李伯钧　朱浏漪　管国伟

附录（四）：

设计：李伯钧

校对：刘小丽　朱浏漪　管国伟

论文：李伯钧　刘小丽

农用种植屋面试点工程效果调查：

调查：李伯钧

调查表校对：刘小丽

农用种植屋面试点工程案例：

选编：李伯钧

校对：刘小丽

全图集审核：管国伟　刘　荣

序

生态文明和绿色发展是当今中国发展的主题。随着中国社会的飞速发展和城市化进程进一步加快，如何让我们的城市生活更加美好，如何让城市的发展更加绿色宜居，如何打造未来的田园城市，成为城市规划者、建设者的研究方向。垂直绿化技术，包括屋顶农业技术的出现，是解决这一问题的重要途径之一。无论是新建城区还是老城区改造，对各种垂直绿化技术的需求越来越迫切。现代建筑技术、现代材料技术、现代育种技术、现代栽培技术、现代信息技术的发展，都为垂直绿化技术体系的建立提供了可靠的保障。新技术、新材料、新装备的出现，不知不觉地改变着传统的绿化技术，也让现代农业技术与城市建筑发生着奇妙的对话。

垂直绿化的形式很多。在建筑的外立面栽培观赏植物叫垂直花园、立体园林，在建筑屋顶栽培观赏植物叫屋顶花园，在建筑屋顶栽培农作物叫屋顶菜园、屋顶农场。这样的空间利用也正是未来城市、未来社区的发展方向之一。垂直绿化植根于都市，依附于建筑，除了具有增加绿量改善环境的生态功能，同时还能满足城市居民参与、体验、休闲、娱乐及农事文化教育等社会功能需求。其发展中所体现的建筑与园林融合、农文旅一体、生产生活生态协同、一二三产联动等先进理念，也非常契合建设安全社区、田园城市的发展要求。在特殊时期，如大规模疫情爆发、战争等，城市的对外交通阻断情况下，屋顶农业生产技术对城市安全及部分农产品的自给也具有重要意义。

屋顶农业的技术和材料也很多。技术上的运用包括无土栽培技术、水肥一体化技术、智能控制技术、微滴灌技术等。栽培基质有无机基质、有机基质和混合基质。栽培的植物材料主要选择须根类型的植物、耐旱性强的植物以及适合当地气候条件的几乎所有园艺作物种类。无论什么技术和材料，都要解决植物和建筑物表面的连接问题。这个连接技术，既要符合建筑规范，包括墙体的拉力和楼面的承重，同时也要防止植物的生长对建筑物的腐蚀和损害，尤其是要防止植物的根系对建筑管线的损害。垂直花园、屋顶农场的种植技术，都是基于现代种植技术和现代建筑技术完美结合。因此，开展屋顶农业空间利用研究，开发专用技术和设备，建立新的标准是当下的研究热点。

从农业和城市共生的发展理念出发，服务城市，依托城市，推进农业与都市的有机融合，不仅使农业可以局部地摆脱了对土地的依赖，同时可以满足商业、居住、教育、休闲的需要。中国的新型城镇化建设与生态文明建设，需要开展技术集成与创新。现在国内外出现垂直花园、立体园林建筑、屋顶农场、屋顶菜园、屋顶稻田、屋顶渔场，无不是技术集成与创新的结果。

人类从逐水而居到聚集城市，从洞穴生活到水泥森林，绿色和田园的人类记忆已经被植入了生命密码。现代人离不开城市也离不开田园，所以，现代城市，应该是一个宜居宜业宜游的生态城市，城市让生活更美好，立体园林让城市有未来。

前　　言

屋顶农业是利用各种建筑物或构筑物的屋顶、平台、露台空间进行农业生产的一种建筑形式，通过“房地一体”实现建筑、绿化和农业的有机结合，兼具美化城市景观、拓展绿化空间、提供健康果蔬、享受田园生活、改善城市环境、创造绿色生态等多重功能，促进生产、生活、生态“三生”融合发展。

屋顶农业是集建筑设计、建筑材料、建筑节能、建筑安全和土地、农业、水利、绿化、环境等资源与技术于一体的系统工程，是一个跨行业、跨领域、高度综合的学科，亦是当今最有特色的“都市农业”类型，有助于提升城市的形象和品位，有助于实现人与人、人与自然的和谐共处。

屋顶农业实现了在房屋建设中恢复耕地、缓解城市化过程中建筑占地与耕地保护的矛盾；屋顶农业是离居民餐桌最近的“菜篮子”基地，既有利于增强农产品的供应和保障能力，促进食物供给多元化，实现绿色农产品生产与消费的无缝对接；还可以增加城市绿化面积，有利于净化空气、除霾、降噪，调节环境温、湿度，缓解城市热岛效应，兼具隔热、保温、节能的功能；屋顶农业可蓄积雨水，有助于缓解城市内涝，是建设“海绵城市”的可靠方式之一；屋顶农业还可消纳居民部分生物质废弃物与生活废水，有利于改善环境卫生，也是城镇生物质废弃物资源化利用与减量排放的有效途径。

本课题组在浙江省、江苏省多地先后建设屋顶农业试点工程 28 处（面积 8 万多平方米），种植涵盖粮油、蔬菜、果树、花卉等旱生、水生作物 69 类 150 余个品种。实践证明，屋顶农业可获得与地面栽培不相上下（甚至更高）的产量，发展潜力巨大。在屋顶农业实施过程中，也让我们认识到，建筑设计与施工是否科学、规范，对于建筑自身安全与屋顶农业的成败至关重要，而且也是前提和基础。同时，如何在“第五立面”的屋顶，营造适宜植物生长的环境，采用合适的栽培技术特别是水分管理，也极为重要。

当前，屋顶农业还是一个新生事物，处于起步阶段，屋顶农业的实施与管理要求均高于一般意义的屋顶绿化。因此，不能简单套用一般屋顶绿化的建筑标准。为了安全、稳妥、低投入、有效地推广屋顶农业，在浙江省农业科学院与丽水市建筑设计研究院长期合作研究及众多屋顶农业成功实践的案例基础上，特编纂出版《农用种植屋面建筑构造》图集，供相关建筑设计、施工单位以及业主借鉴和选用。

李伯钧

2020 年 6 月

Building Construction for Rooftop Farming

Editor-in-Chief: Lishui Architectural Design and Research Institute
Zhejiang Academy of Agricultural Sciences

Leagal Person: Guan Guowei
Technical Director: Liu Rong
Technical Approver: Guan Guowei
Design Director: Liu Xiaoli, Li Bojun

Table of Contents

Building Construction for Rooftop Farming

Editor-in-Chief: Lishui Architectural Design and Research Institute
Zhejiang Academy of Agricultural Sciences

Leagal Person: Guan Guowei
Technical Director: Liu Rong
Technical Approver: Guan Guowei
Design Director: Liu Xiaoli, Li Bojun

Table of Contents

农用种植屋面建筑构造

编著：丽水市建筑设计研究院、浙江省农业科学院

设计院负责人：管国伟

设计院技术负责人：刘　荣

设计院技术审定人：管国伟

设计负责人：刘小丽　李伯钧

目　录

设 计 说 明

一、一般说明

鉴于种植屋面除明显优越的生态环境效益与节能效益外，还兼具节材、节资等经济效益与良好的社会效益。近二三十年来，各类种植屋面实际已成为世界各国为减少“城市热岛效应”，优化城市生态而积极倡导与流行的一种大趋势。

自《浙江省建筑标准设计：覆土植草屋面 99 浙 J32》发行以来，已在省内外不少工程中应用。为更好地适应我国加速城市化过程中建设“多样化绿色生态屋面”的需求，其新版《种植屋面》即将出版发行。

“农用种植屋面”属“种植屋面”中的一类，近年来在浙江省内外虽已有不少实例。**但与一般屋顶绿化相比，既有共性，也有其特殊性与复杂性。实施中不宜直接套用一般种植屋面的做法。**

为更好地适应我国当前城乡建设中推广“建筑屋顶农业利用”之需，特按实际农用种植（养殖）屋面要求，研究编制本图集。

二、适用范围

本图集供相关建筑在现浇钢筋混凝土平、坡屋顶实施农作物栽培与畜禽养殖时设计选用，其适用范围为：

1. 按我国“建筑热工分区”除严寒地区以外的各类地区；
2. 抗震设防烈度小于或等于 6 度的地区；
3. 一般均匀的岩土地基及经处理能确保不会因不均匀沉降引起屋面开裂的其他类型地基；
4. 屋面种植区荷载按附录（一）取值，防水等级为Ⅰ～Ⅱ级的下列建筑：
   （1）一般中、小跨度，层数不等的新建平、坡顶民用建筑；
   （2）新建框架结构低层或多层工业建筑与公共建筑；
   （3）屋顶相对平坦的新建低层仓储用房；
   （4）新建地下与半地下建筑。

   以及：屋顶同样可适用于农业利用的下列建筑（及构筑物）：
   （1）低标准的中、小跨度低层新、旧辅助用房；
   （2）临时建筑、室外连廊、地面停车库顶；
   （3）规模养殖的畜、禽舍顶等。
5. 屋顶种植：以一般非多年生浅根蔬菜、瓜豆为主，亦可选植浅根低矮苗木、果树等（深覆土的新建地下与半地下建筑顶也可种植较高大的乔性果木）。

三、主要分类

1. 一般平顶旱生作物种植屋面；
2. 一般平顶水生作物种植屋面；
3. 深覆土种植屋面；
4. 深蓄水种植（养殖）屋面；
5. 坡顶种植屋面。

四、设计依据

1. 遵循规范：
   (1)《种植屋面工程技术规程》JGJ 155—2013
   (2)《屋面工程技术规范》GB 50345—2012
   (3)《屋面工程质量验收规范》GB 50207—2012
   (4)《民用建筑热工设计规范》GB 50176—2016
   (5)《建筑抗震设计规范》GB 50011—2010（2016 年版）
   (6)《建筑结构荷载规范》GB 50009—2012
   (7)《混凝土结构设计规范》GB 50010—2010（2015 年版）
   (8)《混凝土结构工程施工质量验收规范》GB 50204—2015
   (9)《地下工程防水技术规范》GB 50108—2008

2．参照选用的国家与浙江省建筑标准设计图集：

（1）《种植屋面建筑构造》14J206

（2）《瓦屋面》2005 浙 J15

（3）《雨水斗选用与安装》国标 09S302

（4）《变形缝建筑构造》2006 浙 J55

（5）《建筑防水构造（一）》2007 浙 J56

《建筑防水构造（二）》2008 浙 J57

五、材料选用

1．水泥：现浇钢筋混凝土屋面及刚性防护层均应采用普通硅酸盐水泥，强度等级≥ 42.5MPa，混凝土强度等级≥ C25，抗渗等级不低于 S6。

2．钢筋：本图集中，凡 φ 为 HPB300 级钢筋，⊈ 为 HRB400 级钢筋，ϕ^b 为冷拔低碳钢丝。

3．屋面防水材料：防水材料标准按《屋面工程技术规范》（GB50345—2012）附录 A，防水材料性能指标均应符合该规范第 15 页表 4.5.6。

（1）防水卷材：

应选用较坚韧，耐腐蚀、耐霉烂、耐植物根系穿刺、耐水浸的新型优质防水卷材［如：厚度≥ 4mm 的弹性（或塑性）改性沥青阻根型防水卷材、贴必定 BAC 耐根穿刺自粘防水卷材等］。

卷材厚度还应与屋面防水等级相应。基层处理剂与密封材料均应与卷材材料相容。

（2）防水涂膜：

宜按建址气温、屋面坡度与使用条件选用一般耐热、耐老化、低温柔性，具一定抗冲性能的品种。涂膜厚度与屋面防水等级相应。（按《屋面工程技术规范》GB 50345—2012 第 4. 5. 6 条规定。）

（3）屋面密封防水材料

背衬材料应能适应基层伸缩，施工时不变形，复原率高，耐久性好的品种。

密封材料应具弹塑性、黏结性、耐候性、水密性、气密性、可施工性与位移性。

4．防护层材料：

为避免农作物栽培中的松土、翻耕等作业损伤屋顶防水层，**农用种植屋面在防水卷材上方必须加刚性防护层**：25mm 厚（坡顶 30mm 厚）1：2.5 水泥砂浆（掺微膨胀剂，内置 1.2 厚钢板网一层，分格缝纵横间距≤ 6m，缝宽 20mm，嵌密封材料），**或**：40mm 厚 C25 细石混凝土（内配 φ4@100 双层双向）随捣随抹平，伸缩缝间距同现浇屋面板，缝宽 20mm，嵌密封材料，顶贴 25mm 宽防水卷材。

5．屋面隔离层材料：

当防护层为水泥砂浆时，隔离层材料宜选用 200g/m² 聚酯无纺布，或石油沥青卷材一层。

当防护层为细石混凝土时，隔离层材料宜用 10mm 厚石灰砂浆（其配比为石灰膏：砂 =1 ： 4）。

6．屋面滤水材料：

一般选用聚酯无纺布，铺设在排水层上方与挡土件垫脚处。

7．屋面排（蓄）水材料：

坡顶农用种植屋面可不设排水层。一般平屋面覆土也可不设排水层。如须设排（蓄）水层，应避免颗粒材料，宜选用便于铺设的块状材料（如：加气混凝土预制块）。地下室顶板深覆土下排（蓄）水层可选 200~300mm 厚天然级配砂卵石，上铺粗砂。

8. 种植土：

屋面种植层可按作物类别选用一般田园土、改良土或轻质复合土。（改良土配比参照《种植屋面工程技术规程》JGJ 155—2013 第 12 页表 4.5.2）

注意：凡屋面种植层，均禁用建筑垃圾土和被污染的土壤。

六. 农用种植屋面设计要点

1. **屋面结构**：

无论何种建筑结构体系，**农用种植屋面均应采用整体现浇钢筋混凝土结构自防水屋面。一般建筑屋面板厚 ≥ 120mm，地下建筑顶板厚 ≥ 250mm。裂缝控制等级：三级**，ω_{max} 0.2mm。平屋顶结构找坡按 0 ～ 1% 。

结构自防水平屋面除按单体工程结构计算配筋外，宜另在屋面板顶跨中位置上方加构造筋 ϕ6@150 双向（与设计的板顶主筋搭接 330mm 长）。防水翻边尺寸与配筋可按本图集中各类节点设计。

2. **屋面设计荷载**：

(1) 屋面活载：平、坡顶均按上人屋面，活载标准值宜取 ≥ 3.0kN/ m^2。

(2) 农作物、种植层、排（蓄）水层容重可参照附录（一）。

(3) 刚性防护层自重：按 40mm 厚配筋细石混凝土自重 1.0kN/ m^2。

(4) 保温层、防水卷材、找平层、防护层、隔离层等重量，按单体工程所选材料实际容重及厚度确定。

3. **屋面伸缩缝**：

结构自防水屋面及细石混凝土防护层，均应设置伸缩缝，缝间距均宜 ≤ 30m，一般住宅可按单元或分户设缝，其他类型工程按单体设计。此外，**凡不同层数与不同结构体系的屋面分界处均宜设伸缩缝。**

4. **圈梁设置：种植屋面应特别增强屋面结构的整体性。凡砌体结构与装配式建筑，现浇屋面在各纵、横墙位置均应设圈梁**，圈梁顶与屋面顶同标高，与现浇屋面同时整浇。圈梁宽同墙宽，高不小于 180mm，纵筋不小于 4ϕ12。

5. **屋顶女儿墙**：应按《建筑抗震设计规范》GB 50011—2010 加强锚固。**均应按上人屋面防护要求**，女儿墙（或护栏）顶应距人行走道板顶 1.2m 以上。

6. 有关屋面保温隔热层设置：

经课题组对不同土质、不同土厚植草屋面进行科研测试证明：

凡屋顶覆土厚 150mm（或蓄水深 300mm）以上，屋顶草一般生长良好，均可较好地满足我国《民用建筑热工设计规范》GB 50176—2016 有关“在房间自然通风情况下，屋顶内表面最高温度应低于建筑所在地夏季室外计算温度最高值”的规定。农用种植屋面也相仿（见论文：屋顶农业利用的意义与实践）。因而凡无特别隔热、保温要求的，农用种植屋面一般不需另设隔热保温层。本图集亦未列出设保温隔热层的节点构造。

7. 屋面供、排水设置：

每个管理区段至少设置供水源一处，屋面种植灌溉系统宜选用节水型滴灌、渗灌系统（具体按单体设计）。

旱生作物种植屋面的雨水管配置与一般屋面工程同。

水生作物种植屋面与深蓄水养殖屋面的排水口均应按溢流口设计（溢流口标高应略低于屋面的设计蓄水水位）。

8. 屋面节点构造及选用方法：

本图集提供不同类型屋顶平面布置示例及相应的节点构造详图。节点采用通用编号，选用时可结合单体工程屋面建筑与结构布置，参照本图集各类屋面布置示例，绘制该工程屋顶平面布置图，并直接选用本图集提供的相关节点。节点编号可直接用本图集屋顶平面示例与单体工程对应部位的各节点编号。

七、农用种植屋面施工要点与程序

1. 设计为种植屋面的工程，在基坑开挖前宜先将可利用的原植被土移堆至附近适当位置备用，并加必要的防护（避免与基坑弃土及建筑垃圾土混杂）。
2. 屋面结构、基层和防水层施工均应严格遵照《种植屋面工程技术规范》JGJ 155—2013、《屋面工程技术规范》GB 50345—2012 的有关规定。
3. **结构自防水现浇屋面及刚性防护层细石混凝土均应按防水混凝土施工要求，提高混凝土密实度，切实做到以下几点：**
   (1) 强度等级 42.5MPa 水泥含量不少于 330kg/m^3（掺有活性掺合料时，水泥用量不得小于 280kg/ m^3，水胶比 ≤ 0.55），含砂率 35%~40%，灰砂比为 1 : 1.5 ～ 1 : 2.5。
   (2) 碎石或卵石级配良好，空隙率＜ 45%，含泥量＜ 1%（防水层的细石混凝土中，粗骨料最大粒径不宜大于 15mm）。
   (3) 细骨料应选用洁净的中粗砂，含泥量＜ 2% 。
   (4) 防水层细石混凝土使用的外加剂应根据不同品种的适用范围、技术要求选择（所有外加剂应符合国家行业一等品以上的质量要求），其品种和掺量应经试验确定。
   (5) 必须机械搅拌，搅拌时间不少于 2.0 分钟。
   (6) 混凝土浇筑随捣随抹平，12 小时内就应进行覆盖淋水养护。
4. **凡屋面未设伸缩缝的区段均应连续浇筑，不得随意留施工缝。**
5. **结构自防水屋面与翻边（竖壁）交接处不应留施工缝，必须同时浇筑，且不应先浇筑屋面再立模浇翻边，而应先浇翻边，使混凝土从模板下部挤出，再接浇屋面混凝土，使其形成一体。翻边与屋面混凝土均必须认真捣实。翻边与屋面交接处，拆模后用细石混凝土填抹成圆角，翻边用 1 : 2.5 水泥砂浆抹面。**
6. **管线安装：**

   种植屋面的供排水、照明设施与电缆均应设在屋面防护层之上，屋面结构及刚性防护层内均严禁沿水平方向埋设管线，凡竖向穿越屋面的管道均应在现浇板内预埋管套（按国标《02S404 防水套管》图集）。

   严禁在屋面现浇板中预留孔或凿洞。
7. **屋面养护与防水检验：**

   结构自防水现浇平屋面及刚性防护层均应在混凝土终凝后即浅蓄水（坡顶则不间断淋水）养护，推迟拆模，养护不少于 28 日（翻边养护不少于 14 日）。养护期间严禁在屋面堆物、行走或施工操作，并仔细检查屋面是否有渗漏。发现局部渗漏应及时记录渗漏位置及程度，认真找出致漏原因，然后在该位置适当围合后排干蓄水，待该处屋面干燥后及时进行有针对性的返修，修好后再**蓄水检验**，如此反复**直至证实屋面所有部位均无渗漏**。坡屋面养护期满后应进行不少于 3 小时淋水试验证实其无渗漏。**再由质量监督与建设单位代表验收签名认可后方可进行下道工序。**
8. **防水涂料一般应设在防水卷材下方，并注意：**
   (1) 选用的防水涂料与防水卷材应相容。
   (2) 喷涂厚度不小于 2mm，配套底料、涂层修补材料及层间搭接剂均应符合《喷涂聚脲防水工程技术规程》JGJ/T 200—2010。

9. **屋面卷材防水层与涂料防水层施工与质量验收：**

均应严格遵守《屋面工程技术规范》GB 50345—2012中的有关规定外，还应按所选用卷材与涂料各自的施工要求执行。

10. **排水层、滤水层、坡顶防滑构件铺设：**

均应按所选材料的施工要求在验收合格的防护层上铺设当坡顶不另设防护层时，防滑构件直接置于屋面，施工操作均不应损伤其下方的防水层与屋面结构。

11. **铺填种植层：**

种植层应在完成防水层、排（蓄）水层，以及供排水设施、垄沟板、走道板、防滑构件等均安装后，及时铺设，并应特别注意以下几点：

（1）**屋顶覆盖范围：除垄沟板、走道板位置外，均应满铺，**种植土总厚度、材料配比与分层构造等均应按本图集及单体工程设计，未经设计者同意不得随意变更。

（2）**铺填种植层材料必须事先配好，边倒边铺均匀、平整，严禁在屋面集中堆放，并应拉线检查其厚度，不允许超厚，并不得损伤其下方的滤水、排水层与防水层。**坡度 >20% 的坡顶覆土前应先布设防滑挡板（兼走道板）。地下空间顶板深覆土前应先布置好排水暗管，并检查各排水口是否达到设计要求。

覆土深（厚度）小于 500mm 时不得采用机械回填。

（3）农用种植屋面的挡土构件与垄间排水沟构件一般均兼作走道板，故应兼具挡土与排水功能。垄间排水沟构件高度一般应高出种植层不小于 50mm。挡土构件一般只须略高于种植土顶（以免在暴雨时土顶积水）。**注意：在平屋顶排放预制挡土构件时不用砂浆砌筑，也不必抹灰。但须以无纺布折叠垫脚。**

12. **种植屋面工程竣工验收：**

在**竣工验收**时除对屋面进行与一般工程相同的有关屋面防水、排水工程质量检查外，**还必须对种植层范围、厚度、性状，挡土构件、垄间排水沟、走道板等设置，以及给、排水设施等施工与安装质量逐一进行检查，**发现与单体工程设计及本图集要求不符处，均应及时更正。然后**对平屋面实施 48 小时蓄水（坡屋面淋水 3 小时）检验验。**

八、种植屋面维护：

鉴于种植屋面的效益与成败均涉及较多因素，其结构的安全耐久性、隔热防水性能与种植效益、生态环境效果等，除取决于设计与施工质量外，还与整个使用期间的管理与维护直接有关。特将种植屋面用户在管理与维护中应注意的问题编入本图集附录（三），供用户参照。

农用种植屋面分类与有关建议

一、农用种植屋面分类：

（一）按建筑屋顶型式分类：

1. 平顶种植屋面
2. 坡顶种植屋面

（二）农用种植屋面均为上人屋面，按屋面功能要求分类：

1. 建筑屋顶用作经营性农作物栽培（或养殖）基地；
2. 建筑屋顶由用户自行划块分管，按小型"私家屋顶菜园"灵活进行农作物栽培。

（三）按作物对种植层材质与厚度要求分类：

1. 以一般耕作土（或轻质混合土）为种植层，按所需土层厚分：
   （1）土层厚 200~300mm；
   （2）深覆土 600~1500mm。
2. 以屋顶覆土加蓄水为种植介质，按所需水深分：
   （1）水深 200~300mm；
   （2）水深 500mm 以上。

（四）按旱、水生作物类别分类：

1. 旱生作物种植；
2. 水生作物种植。

二、有关建议：

（一）凡建筑屋顶用作经营性农作物栽培（或养殖）基地的，一般涉及较大面积，有明确的经济效益目标，须具备能适应规范化管理与高效运作的相关设施。

例如：

1. 必须有便于搬运相关物料，直通屋面的楼梯、电梯或坡道；
2. 必须安装较正规而便捷的节水灌溉与排水系统；
3. 在耕作区必须设置数量足够的垄间排水沟（兼人行走道）等。

因而一般只限于进行针对性设计（或经结构复核认定可行）的以下新（旧）建筑：

（1）一般中小跨度，屋顶相对平坦的低层仓储与农林用房；
（2）跨度相对较大的低层新建工业建筑与公共建筑；
（3）面积较大的地下建筑顶。

（二）凡建筑屋顶仅作私家屋顶菜园，以下三类建筑一般均适用：

1. 原已按种植屋面设计的各类中小跨度；层数不等的民用新建筑；
2. 原已按植草屋面设计与实施的民用旧建筑；
3. 平顶建筑已使用若干年，经必要复核后确认其结构承载能力允许实施"平改绿"的各类中小跨度，并有楼梯直通屋顶的民用旧建筑。

（三）凡农用种植屋面，其屋面分层构造与相关设计宜注意以下几点：

1. 柔性防水层上方必须另加刚性防护层，以避免日常翻耕损伤防水层；
2. 屋面排（蓄）水设施必须适应用户选定的作物特性与种植要求；
3. 为避免屋顶覆盖不均匀影响屋面隔热与防水，耕作区的垄间排水沟必须避免屋面裸露，宜设计（选用）具架空隔热性能（并可兼人行走道）的专用构件；
4. 农用种植屋面均必须按“上人屋面”选取“活荷”，并在屋顶四周外围设置符合规范的安全护栏。

一般平顶旱生作物种植屋面分层做法

适用屋面：现浇钢筋混凝土结构自防水平屋面，结构找坡：0 ~ 1%。

（1）设蓄水层的“卷材 + 涂膜”防水屋面

- 农作物：由用户定。
- 种植土：150~200 mm 厚耕作土，或轻质混合营养土。
- 滤水层：150~200g/m² 无纺布一层。
- 蓄水层：50~80mm 厚 300mm × 600mm 预制加气混凝土块。
- 水泥砂浆防护层：25 mm 厚 1：2 .5 水泥砂浆（掺微膨胀剂，内置编织钢筋网片一层，分格缝纵横间距 <6m，缝宽 20mm，嵌密封材料）。
- 隔离层：200g/m² 聚酯无纺布，或石油沥青卷材一层。
- 防水层 2：阻根型卷材，按本图集“设计说明”五 .3.（1）选用。
- 防水层 1：防水涂膜。
- 找平层：15mm 厚 1 ：2.5 水泥砂浆（掺微膨胀剂）。
- 现浇钢筋混凝土结构自防水屋面。

（设计与施工要求详【注】1）

（2）“卷材 + 涂膜”防水屋面（一）：

- 农作物：由用户定。
- 种植土：150~200mm 厚耕作土，或轻质混合营养土。
- 滤水层：150~200g/m² 无纺布一层。
- 水泥砂浆防护层：施工要求同上。
- 隔离层：200g/m² 聚酯无纺布，或石油沥青卷材一层。
- 防水层 2：阻根型卷材。
- 防水层 1：防水涂膜。
- 找平层：15mm 厚 1：2.5 水泥砂浆（掺微膨胀剂）。
- 现浇钢筋混凝土结构自防水屋面

（设计与施工要求详【注】1）。

（3）“卷材 + 涂膜”防水屋面（二）：

- 农作物：由用户定。
- 种植土：150~200mm 厚一般耕作土，或轻质混合营养土。
- 细石混凝土防护层：40mm 厚 C25 细石混凝土（内配 ϕ4@100 双层双向）随捣随抹平，伸缩缝间距同现浇屋面板，缝宽 20mm，嵌密封材料，顶贴 250mm 宽防水卷材。
- 隔离层：10mm 厚白灰砂浆（石灰膏：砂 ＝ 1: 4）。
- 防水层 2：阻根型卷材。
- 防水层 1：防水涂膜。
- 找平层：15mm 厚 1 ：2.5 水泥砂浆。
- 现浇钢筋混凝土结构自防水屋面。

（设计与施工要求详【注】1）

【注】

1. 现浇钢筋混凝土结构自防水屋面：板厚≥120mm（具体尺寸与配筋均按单体设计），结构找坡，随捣随抹平。
2. 非永久性的低标准建筑，如：单位的单层辅助用房（一般杂物间、车库）、室外连廊顶、农林畜牧养殖用房、农户的农具间等，可选用不另加防水层的现浇钢筋混凝土结构自防水屋面。
3. 坡顶不须设排水层。
4. 一般覆土 15~20cm 厚的平顶农用种植屋面松土时较难把握深度，且均须分畦设垄沟排水，故本图集不特别推荐设排水层。
5. 防水、滤水与排（蓄）水材料性能均应符合《种植屋面工程技术规程》JGJ 155—2013 第 8~12 页的相关规定。

本例为某办公楼"一般平顶旱生作物种植屋面"，分层做法与施工要求按本图集第9页的构造（1），所在位置各节点做法见本图集第11～15页。

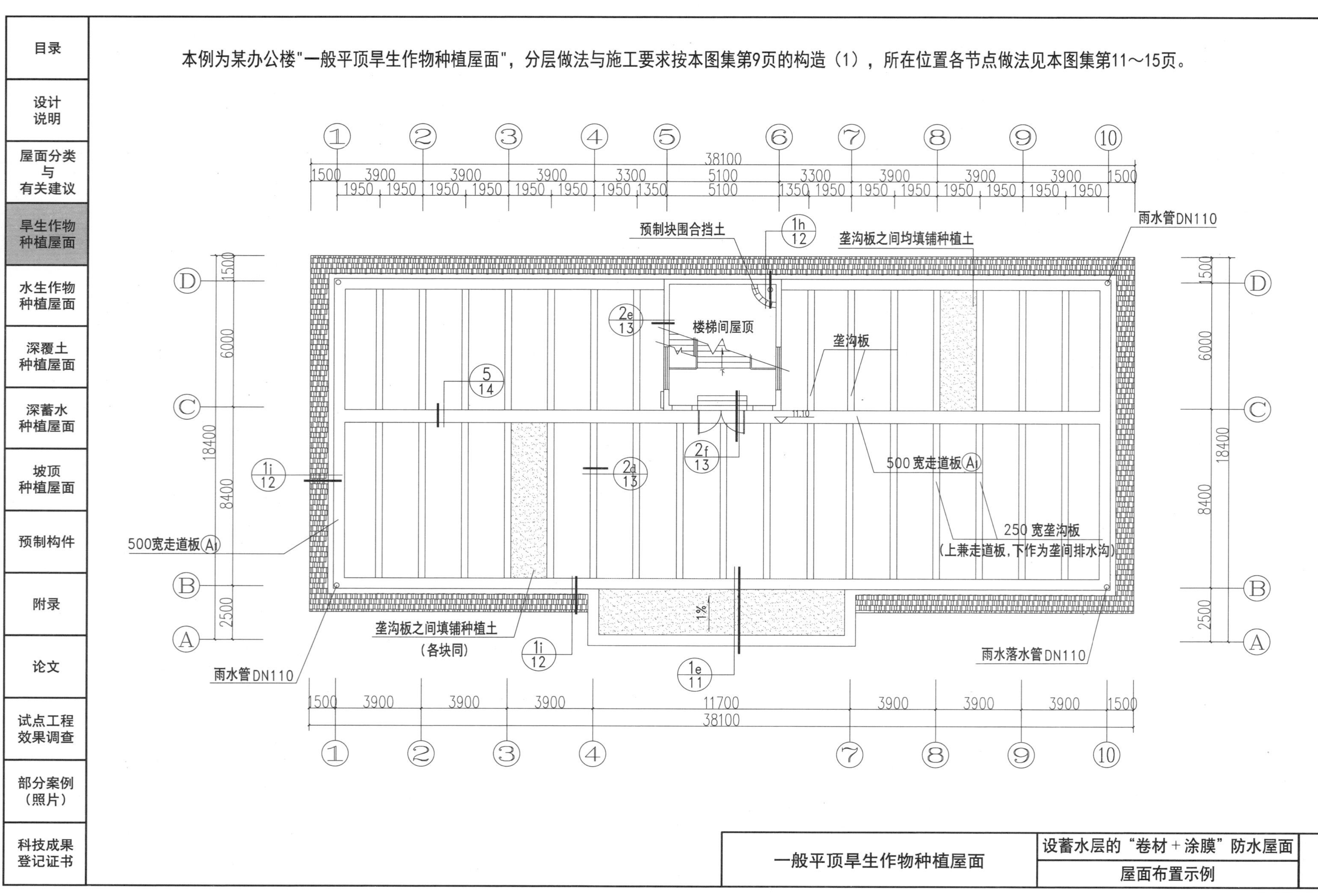

一般平顶旱生作物种植屋面	设蓄水层的“卷材＋涂膜”防水屋面 屋面布置示例	10

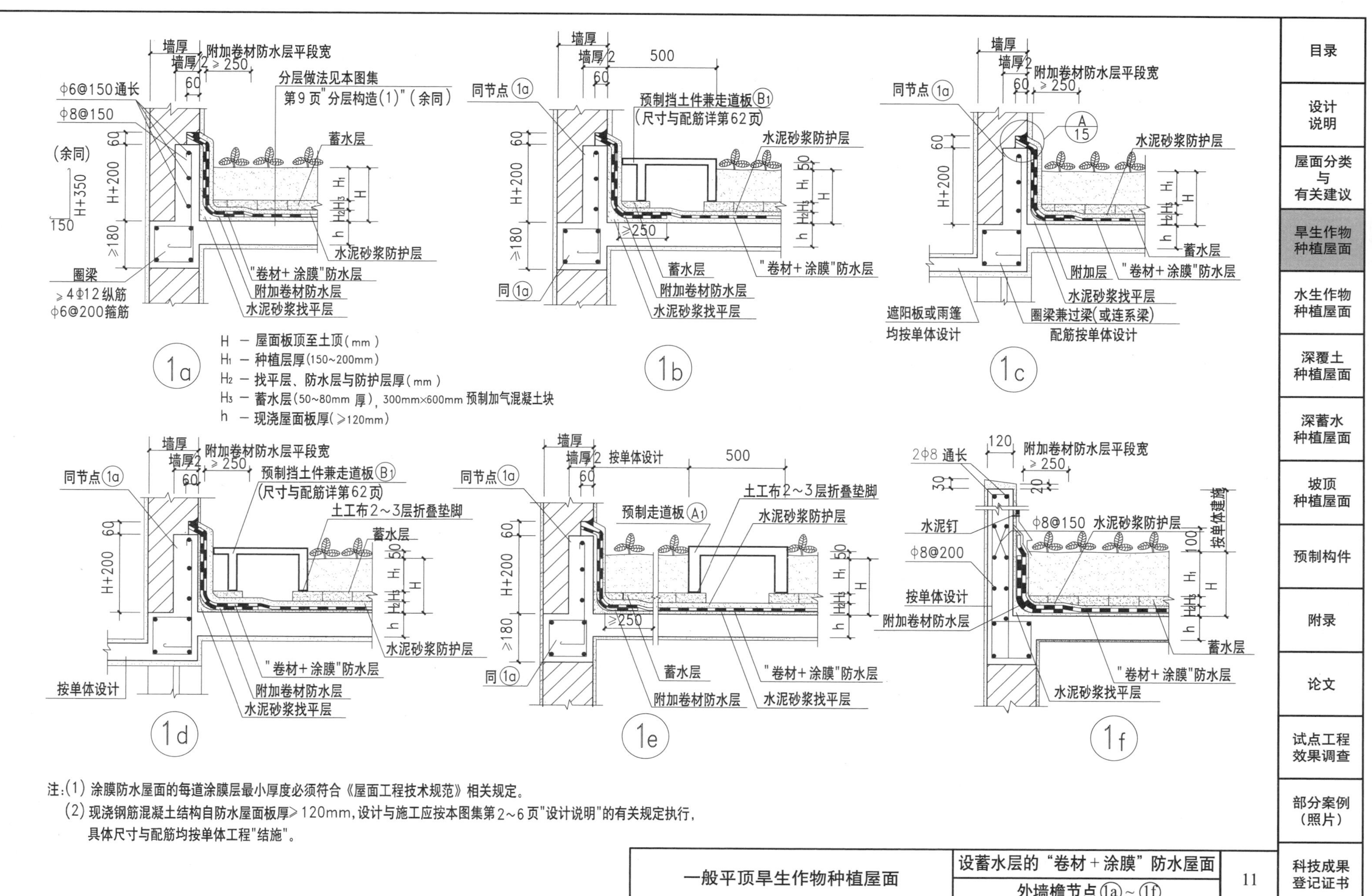

注:(1) 涂膜防水屋面的每道涂膜层最小厚度必须符合《屋面工程技术规范》相关规定。

(2) 现浇钢筋混凝土结构自防水屋面板厚≥120mm,设计与施工应按本图集第2~6页"设计说明"的有关规定执行,具体尺寸与配筋均按单体工程"结施"。

一般平顶旱生作物种植屋面	设蓄水层的"卷材+涂膜"防水屋面 外墙檐节点1a~1f	11

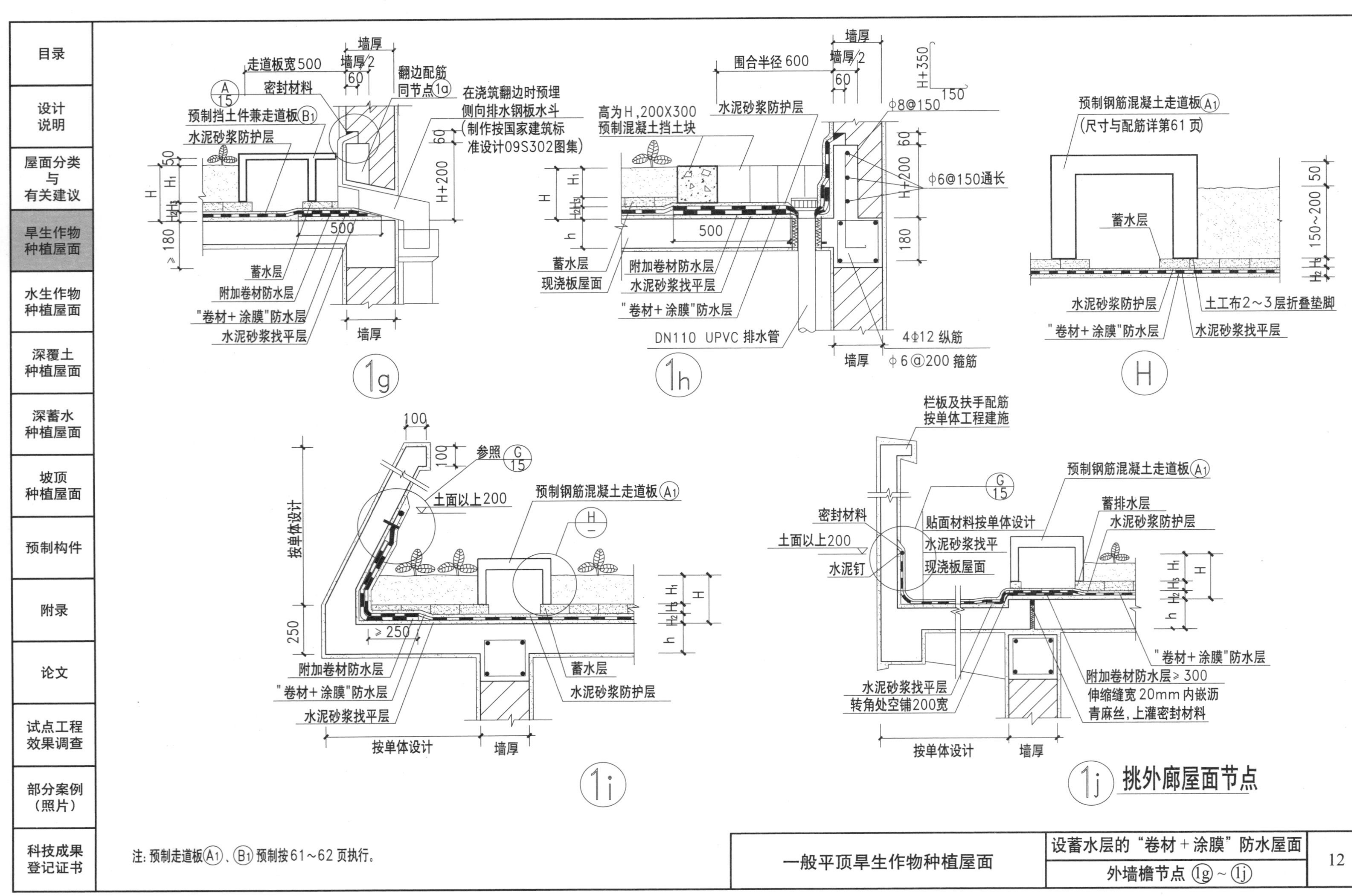

注：预制走道板(A1)、(B1)预制按61～62页执行。

一般平顶旱生作物种植屋面	设蓄水层的“卷材＋涂膜”防水屋面	12
	外墙檐节点 1g ～ 1j	

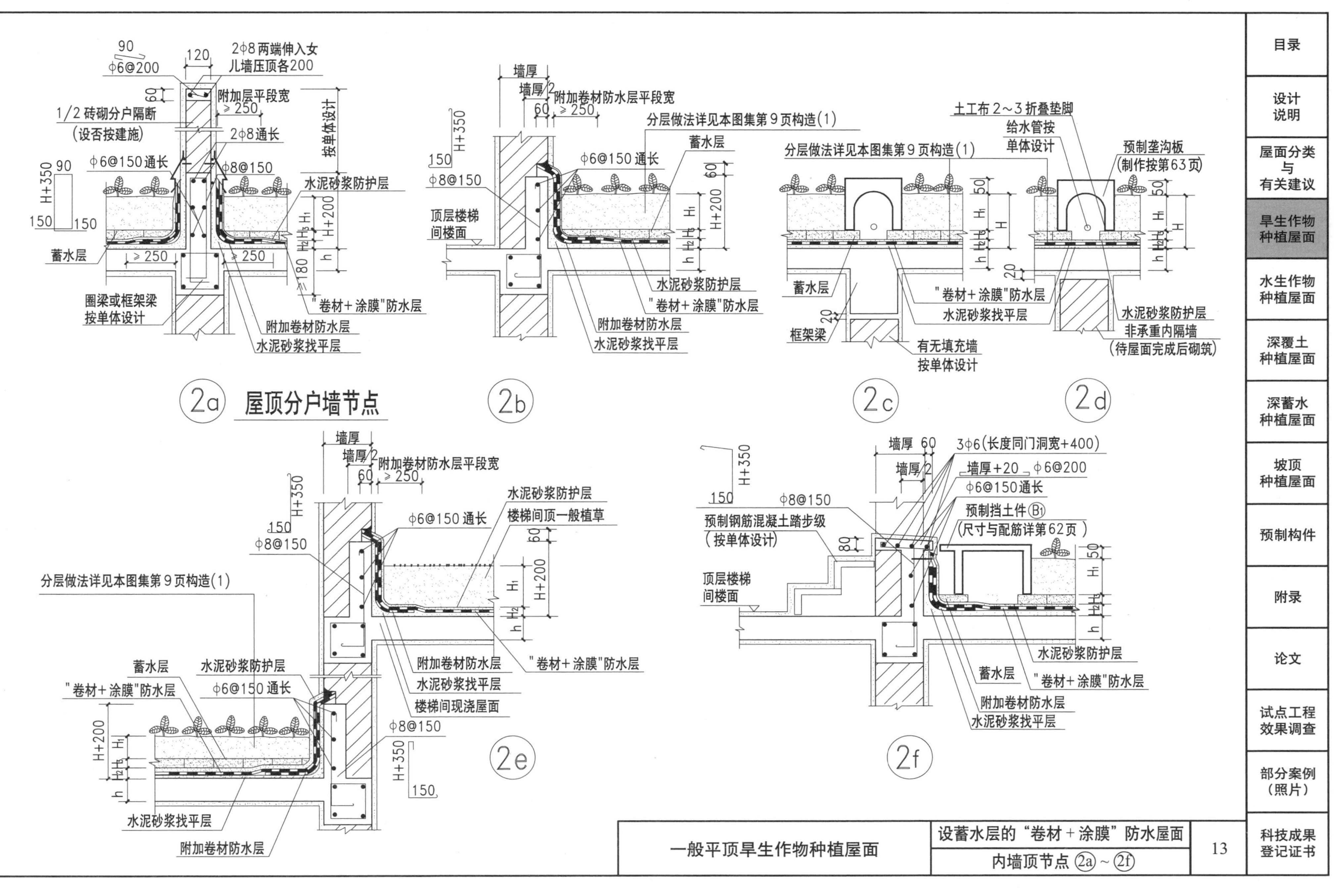

90
120
2φ8两端伸入女儿墙压顶各200
φ6@200
60
附加层平段宽
≥250
1/2砖砌分户隔断
(设否按建施)
2φ8通长
按单体设计
H+350
90
150
150
φ6@150通长
φ8@150
水泥砂浆防护层
H+200
H₁
H₃
H₂
h
蓄水层
≥250
≥250
≥180
圈梁或框架梁
按单体设计
"卷材+涂膜"防水层
附加卷材防水层
水泥砂浆找平层
2a
屋顶分户墙节点
墙厚
墙厚/2
附加卷材防水层平段宽
60
≥250
分层做法详见本图集第9页构造(1)
H+350
150
φ8@150
蓄水层
φ6@150通长
顶层楼梯
间楼面
水泥砂浆防护层
"卷材+涂膜"防水层
附加卷材防水层
水泥砂浆找平层
2b
土工布2~3折叠垫脚
给水管按
单体设计
预制垄沟板
(制作按第63页)
分层做法详见本图集第9页构造(1)
50
H
蓄水层
框架梁
20
"卷材+涂膜"防水层
水泥砂浆找平层
有无填充墙
按单体设计
水泥砂浆防护层
非承重内隔墙
(待屋面完成后砌筑)
2c
2d
墙厚
墙厚/2
附加卷材防水层平段宽
60
≥250
H+350
150
φ8@150
φ6@150通长
水泥砂浆防护层
楼梯间顶一般植草
分层做法详见本图集第9页构造(1)
附加卷材防水层
水泥砂浆找平层
楼梯间现浇屋面
"卷材+涂膜"防水层
蓄水层
水泥砂浆防护层
"卷材+涂膜"防水层
φ6@150通长
φ8@150
水泥砂浆找平层
附加卷材防水层
2e
墙厚
60
3φ6(长度同门洞宽+400)
墙厚/2
墙厚+20
φ6@200
φ6@150通长
H+350
150
φ8@150
预制钢筋混凝土踏步级
(按单体设计)
预制挡土件B1
(尺寸与配筋详第62页)
80
顶层楼梯
间楼面
水泥砂浆防护层
蓄水层
"卷材+涂膜"防水层
附加卷材防水层
水泥砂浆找平层
2f
一般平顶旱生作物种植屋面
设蓄水层的"卷材+涂膜"防水屋面
内墙顶节点2a~2f
13
目录
设计说明
屋面分类与有关建议
旱生作物种植屋面
水生作物种植屋面
深覆土种植屋面
深蓄水种植屋面
坡顶种植屋面
预制构件
附录
论文
试点工程效果调查
部分案例(照片)
科技成果登记证书

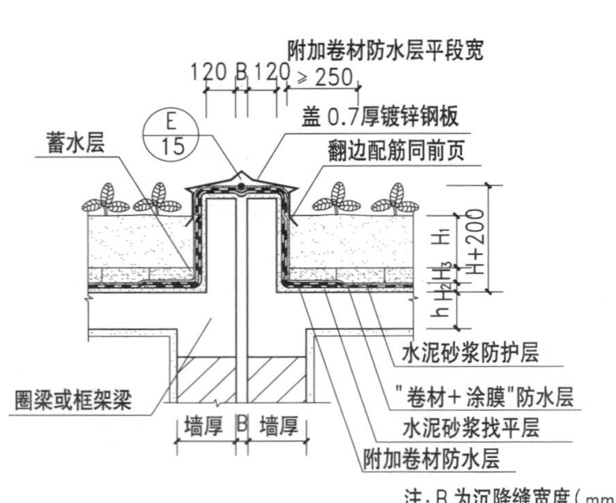

注：B为沉降缝宽度（mm）。

3a 沉降缝构造（一）

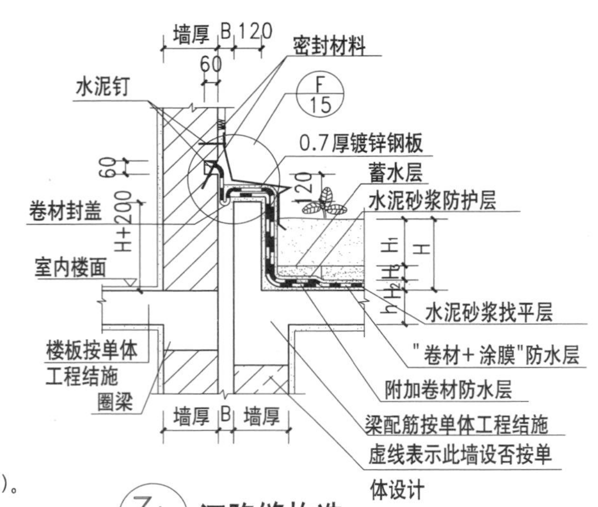

3b 沉降缝构造（二）

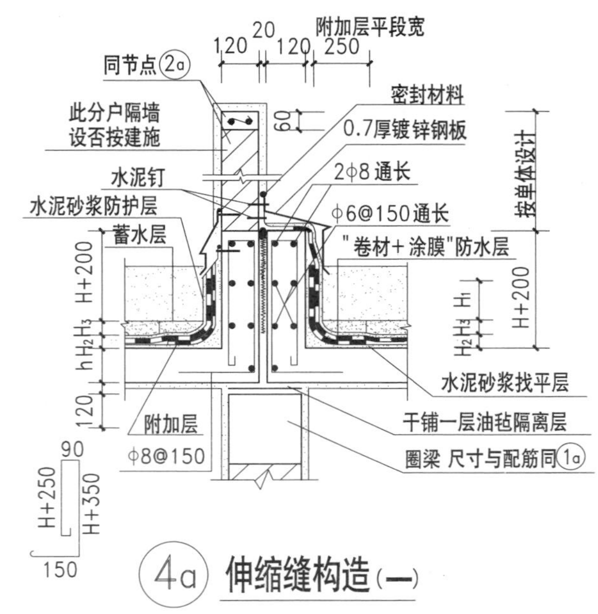

4a 伸缩缝构造（一）

注：若不设分户墙，伸缩缝顶防水做法全同 4b 。

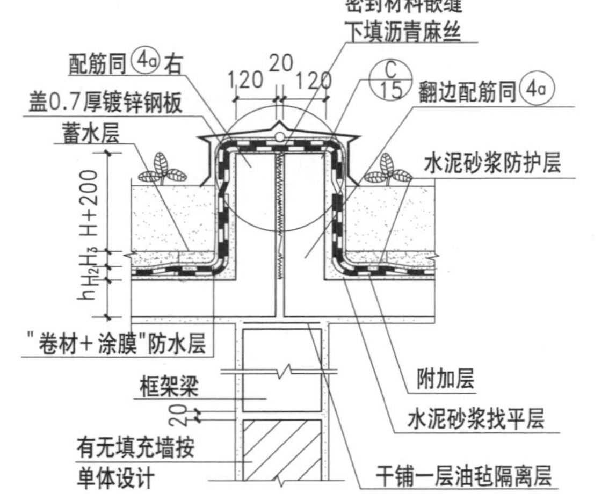

4b 伸缩缝构造（二）

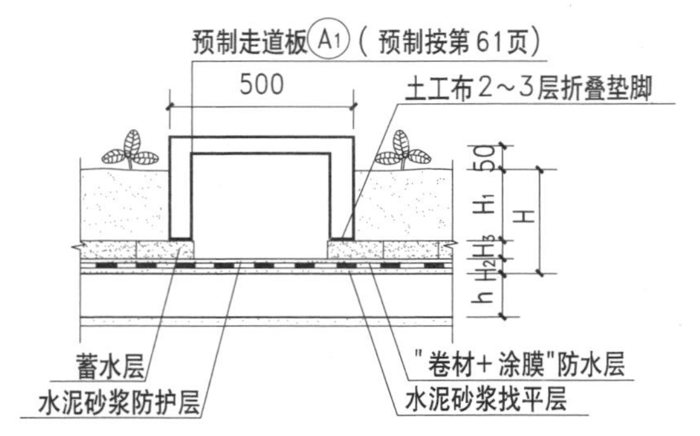

5 走道板节点

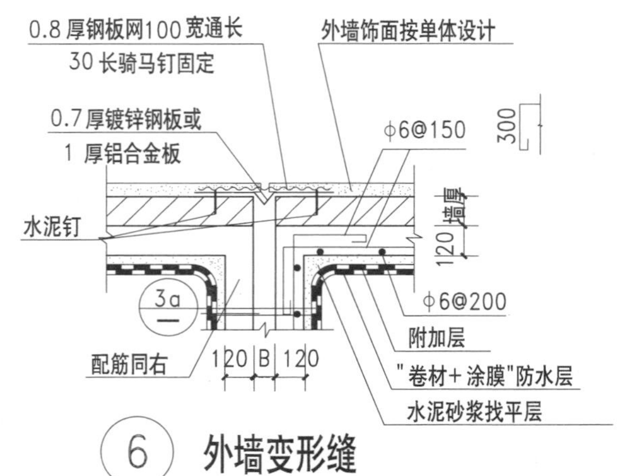

6 外墙变形缝

一般平顶旱生作物种植屋面	设蓄水层的“卷材＋涂膜”防水屋面	14
	沉降缝、伸缩缝、走道板等节点 3a～6	

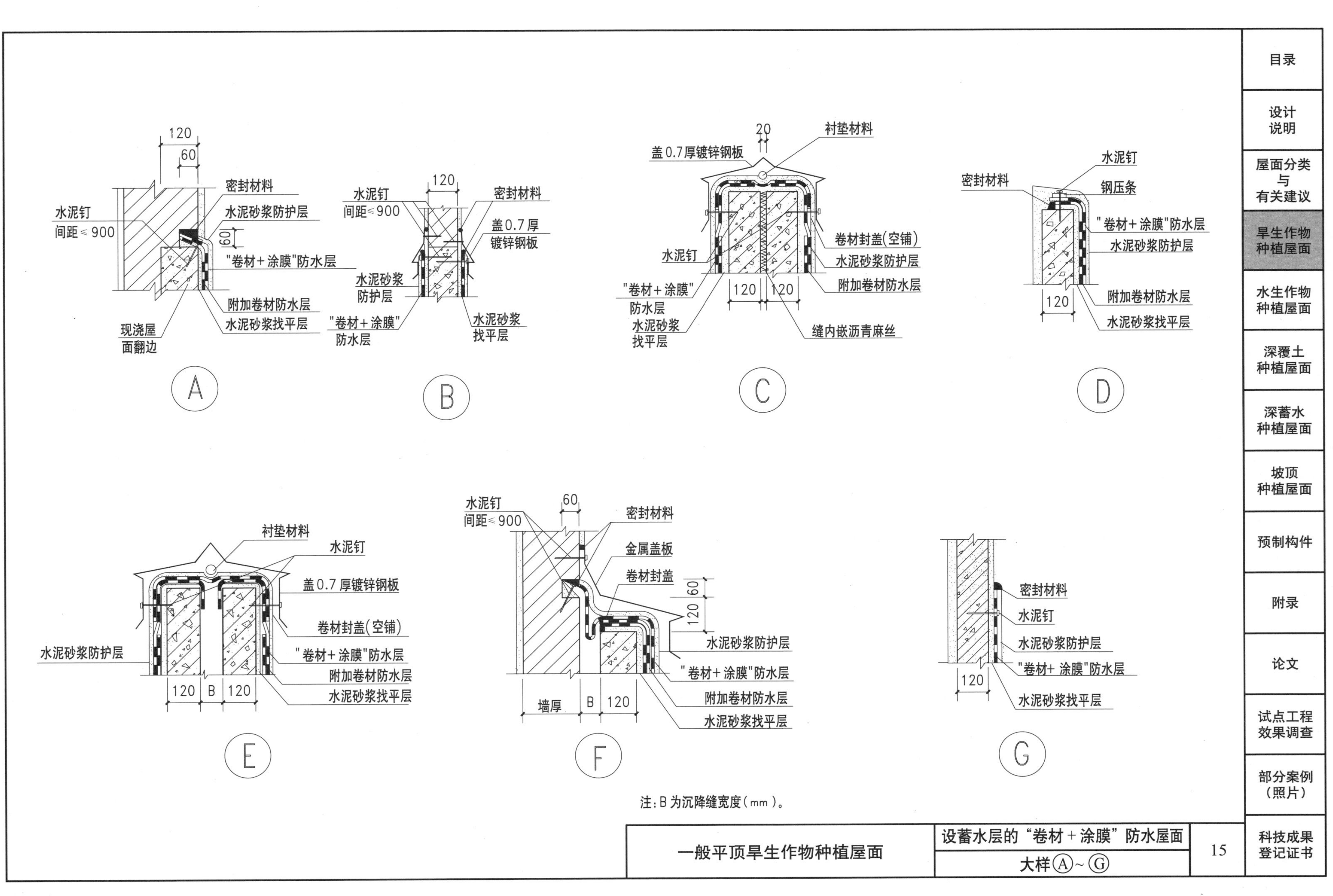

注：B为沉降缝宽度（mm）。

一般平顶旱生作物种植屋面	设蓄水层的“卷材+涂膜”防水屋面	15
	大样Ⓐ~Ⓖ	

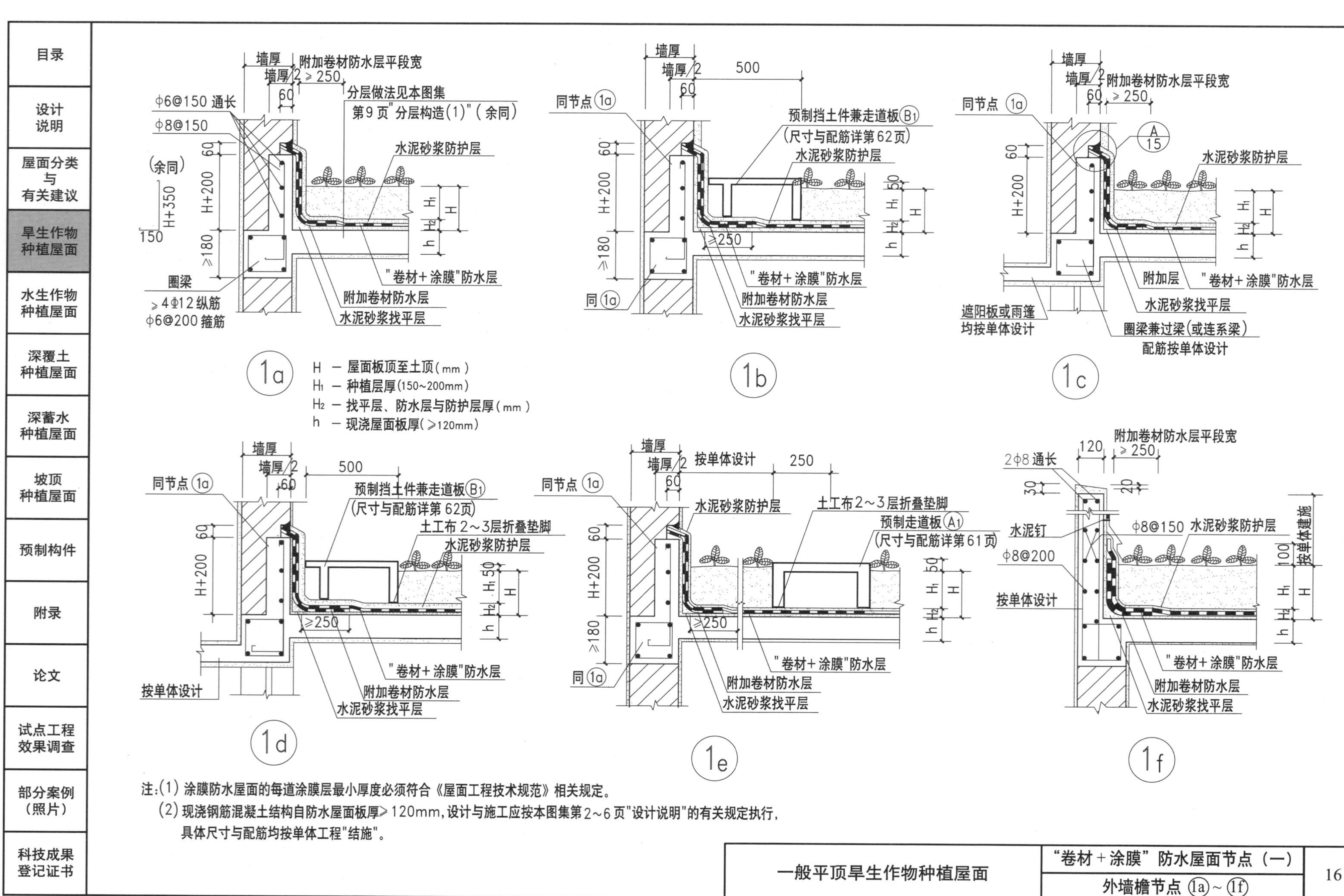
目录
设计说明
屋面分类与有关建议
旱生作物种植屋面
水生作物种植屋面
深覆土种植屋面
深蓄水种植屋面
坡顶种植屋面
预制构件
附录
论文
试点工程效果调查
部分案例（照片）
科技成果登记证书
墙厚
墙厚/2
附加卷材防水层平段宽
≥250
60
分层做法见本图集
第9页"分层构造(1)"（余同）
ϕ6@150 通长
ϕ8@150
（余同）
H+350
150
H+200
≥180
水泥砂浆防护层
H₁
H₂
H
h
圈梁
≥4Φ12 纵筋
ϕ6@200 箍筋
"卷材+涂膜"防水层
附加卷材防水层
水泥砂浆找平层
1a
H — 屋面板顶至土顶（mm）
H₁ — 种植层厚(150~200mm)
H₂ — 找平层、防水层与防护层厚（mm）
h — 现浇屋面板厚(≥120mm)
同节点 1a
500
预制挡土件兼走道板 B1
（尺寸与配筋详第62页）
50
同 1a
1b
A
15
附加层
遮阳板或雨篷
均按单体设计
圈梁兼过梁（或连系梁）
配筋按单体设计
1c
土工布 2~3层折叠垫脚
按单体设计
1d
250
预制走道板 A1
（尺寸与配筋详第61页）
1e
120
2ϕ8 通长
30
20
水泥钉
ϕ8@200
100
按单体建施
1f
注：(1) 涂膜防水屋面的每道涂膜层最小厚度必须符合《屋面工程技术规范》相关规定。
(2) 现浇钢筋混凝土结构自防水屋面板厚≥120mm，设计与施工应按本图集第2~6页"设计说明"的有关规定执行，具体尺寸与配筋均按单体工程"结施"。
一般平顶旱生作物种植屋面
"卷材+涂膜"防水屋面节点（一）
外墙檐节点 1a ~ 1f
16

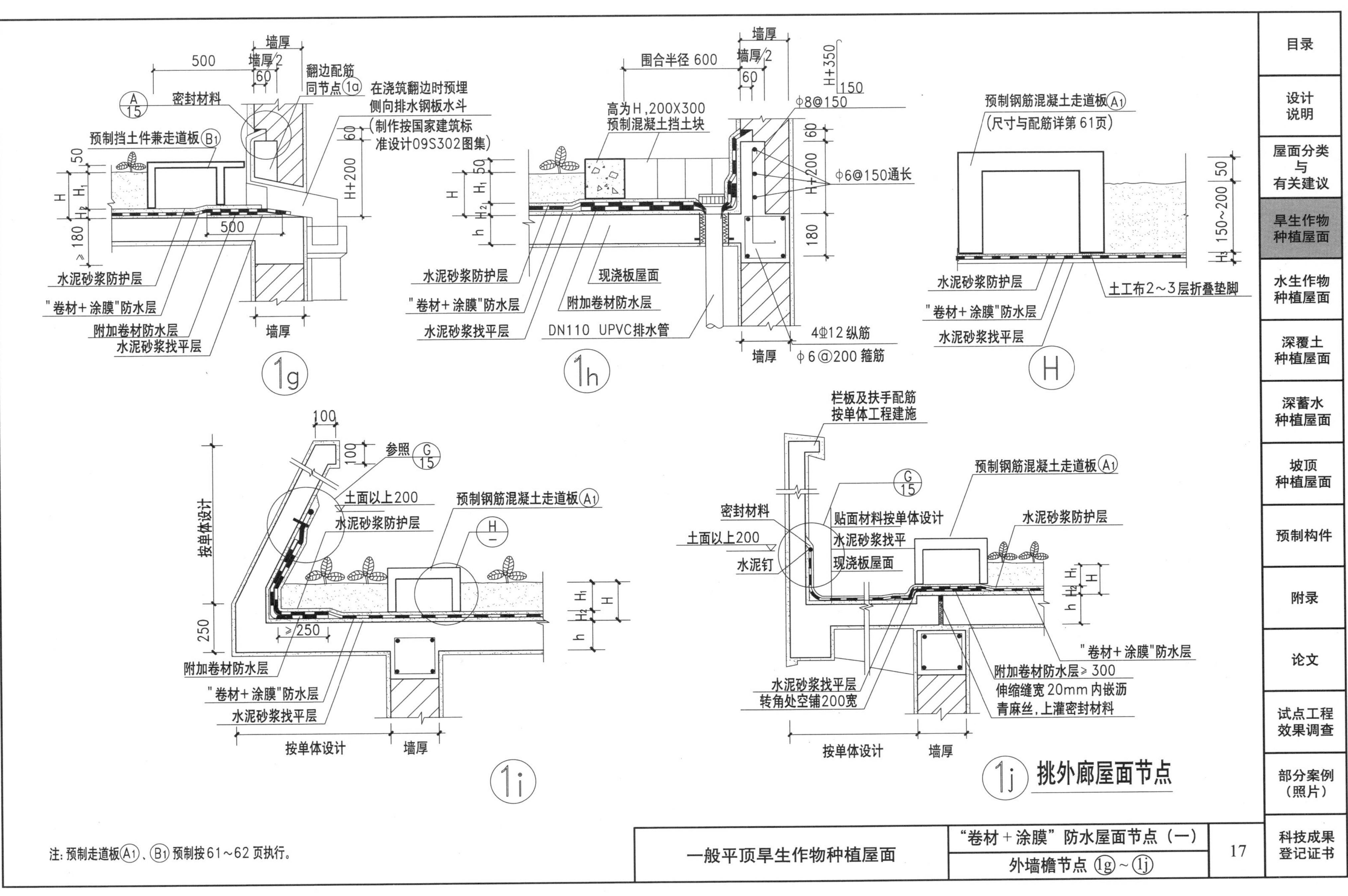

墙厚
500
墙厚/2
60
翻边配筋
同节点1a
在浇筑翻边时预埋
侧向排水钢板水斗
（制作按国家建筑标
准设计09S302图集）
A/15
密封材料
预制挡土件兼走道板B1
50
H
H1
H2
≥180
60
H+200
500
水泥砂浆防护层
"卷材+涂膜"防水层
附加卷材防水层
水泥砂浆找平层
墙厚
1g
墙厚
墙厚/2
围合半径 600
60
H+350
150
ϕ8@150
高为H，200X300
预制混凝土挡土块
60
H+200
ϕ6@150通长
180
50
H1
H2
h
水泥砂浆防护层
"卷材+涂膜"防水层
水泥砂浆找平层
现浇板屋面
附加卷材防水层
DN110 UPVC排水管
4Φ12 纵筋
墙厚
ϕ6@200 箍筋
1h
预制钢筋混凝土走道板A1
（尺寸与配筋详第61页）
50
150~200
H3
水泥砂浆防护层
"卷材+涂膜"防水层
水泥砂浆找平层
土工布2~3层折叠垫脚
H
100
100
参照G/15
土面以上200
水泥砂浆防护层
预制钢筋混凝土走道板A1
H/–
按单体设计
250
≥250
H1
H2
H
h
附加卷材防水层
"卷材+涂膜"防水层
水泥砂浆找平层
按单体设计
墙厚
1i
栏板及扶手配筋
按单体工程建施
预制钢筋混凝土走道板A1
G/15
密封材料
贴面材料按单体设计
水泥砂浆防护层
土面以上200
水泥砂浆找平
水泥钉
现浇板屋面
H1
H2
H
h
"卷材+涂膜"防水层
附加卷材防水层≥300
伸缩缝宽20mm内嵌沥
青麻丝，上灌密封材料
水泥砂浆找平层
转角处空铺200宽
按单体设计
墙厚
1j 挑外廊屋面节点
目录
设计说明
屋面分类与有关建议
旱生作物种植屋面
水生作物种植屋面
深覆土种植屋面
深蓄水种植屋面
坡顶种植屋面
预制构件
附录
论文
试点工程效果调查
部分案例（照片）
科技成果登记证书
注：预制走道板A1、B1预制按61~62页执行。
一般平顶旱生作物种植屋面
"卷材+涂膜"防水屋面节点（一）
外墙檐节点 1g~1j
17

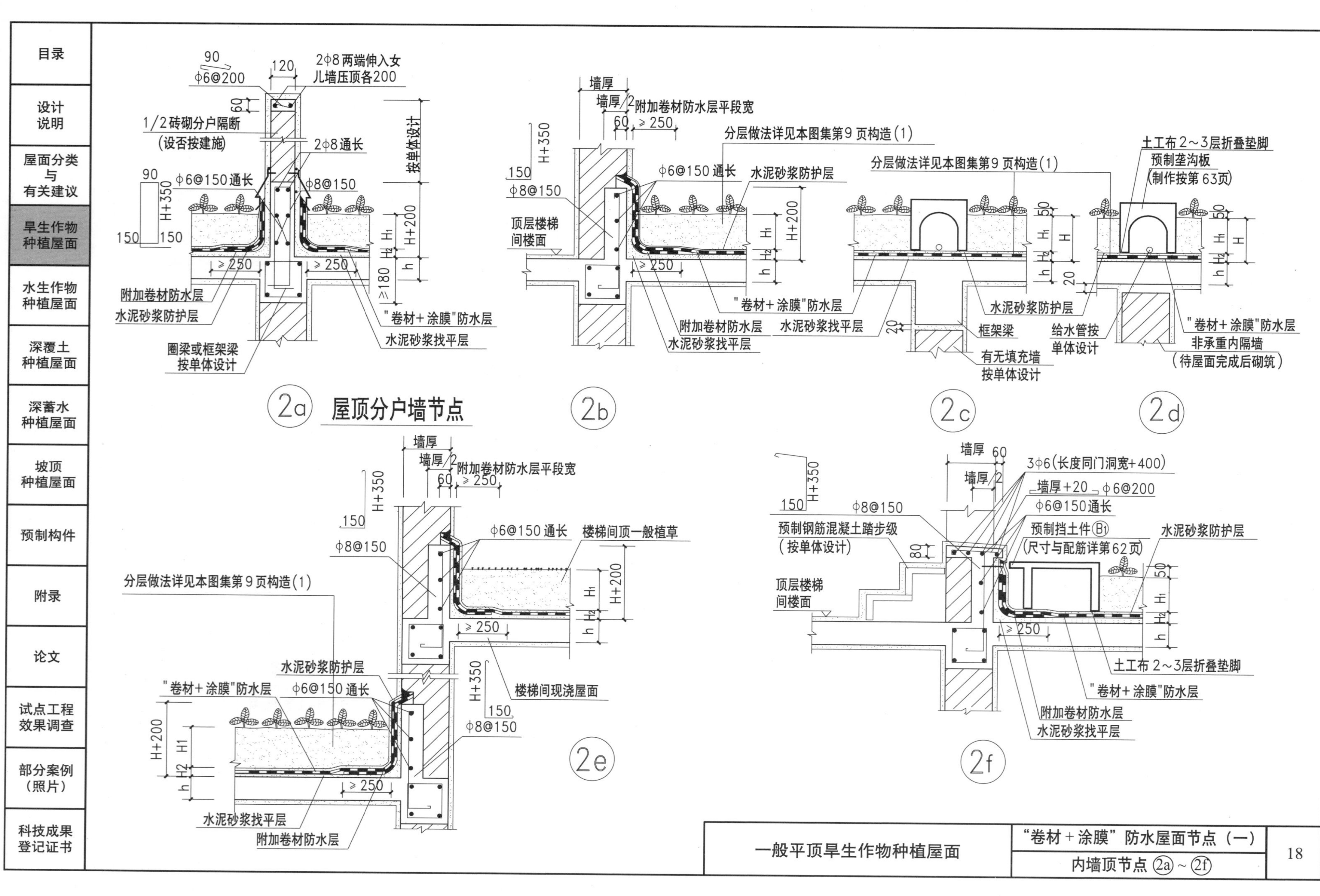
目录
设计说明
屋面分类与有关建议
旱生作物种植屋面
水生作物种植屋面
深覆土种植屋面
深蓄水种植屋面
坡顶种植屋面
预制构件
附录
论文
试点工程效果调查
部分案例（照片）
科技成果登记证书
2ϕ8两端伸入女儿墙压顶各200
ϕ6@200
1/2砖砌分户隔断（设否按建施）
2ϕ8通长
ϕ6@150通长
ϕ8@150
按单体设计
附加卷材防水层
水泥砂浆防护层
圈梁或框架梁按单体设计
"卷材+涂膜"防水层
水泥砂浆找平层
2a 屋顶分户墙节点
墙厚
墙厚/2
附加卷材防水层平段宽
分层做法详见本图集第9页构造(1)
水泥砂浆防护层
顶层楼梯间楼面
2b
框架梁
有无填充墙按单体设计
2c
土工布2~3层折叠垫脚
预制垄沟板（制作按第63页）
给水管按单体设计
非承重内隔墙（待屋面完成后砌筑）
2d
楼梯间顶一般植草
楼梯间现浇屋面
2e
3ϕ6(长度同门洞宽+400)
墙厚+20
ϕ6@200
ϕ6@150通长
预制钢筋混凝土踏步级（按单体设计）
预制挡土件B1（尺寸与配筋详第62页）
2f
一般平顶旱生作物种植屋面
"卷材+涂膜"防水屋面节点（一）
内墙顶节点2a~2f

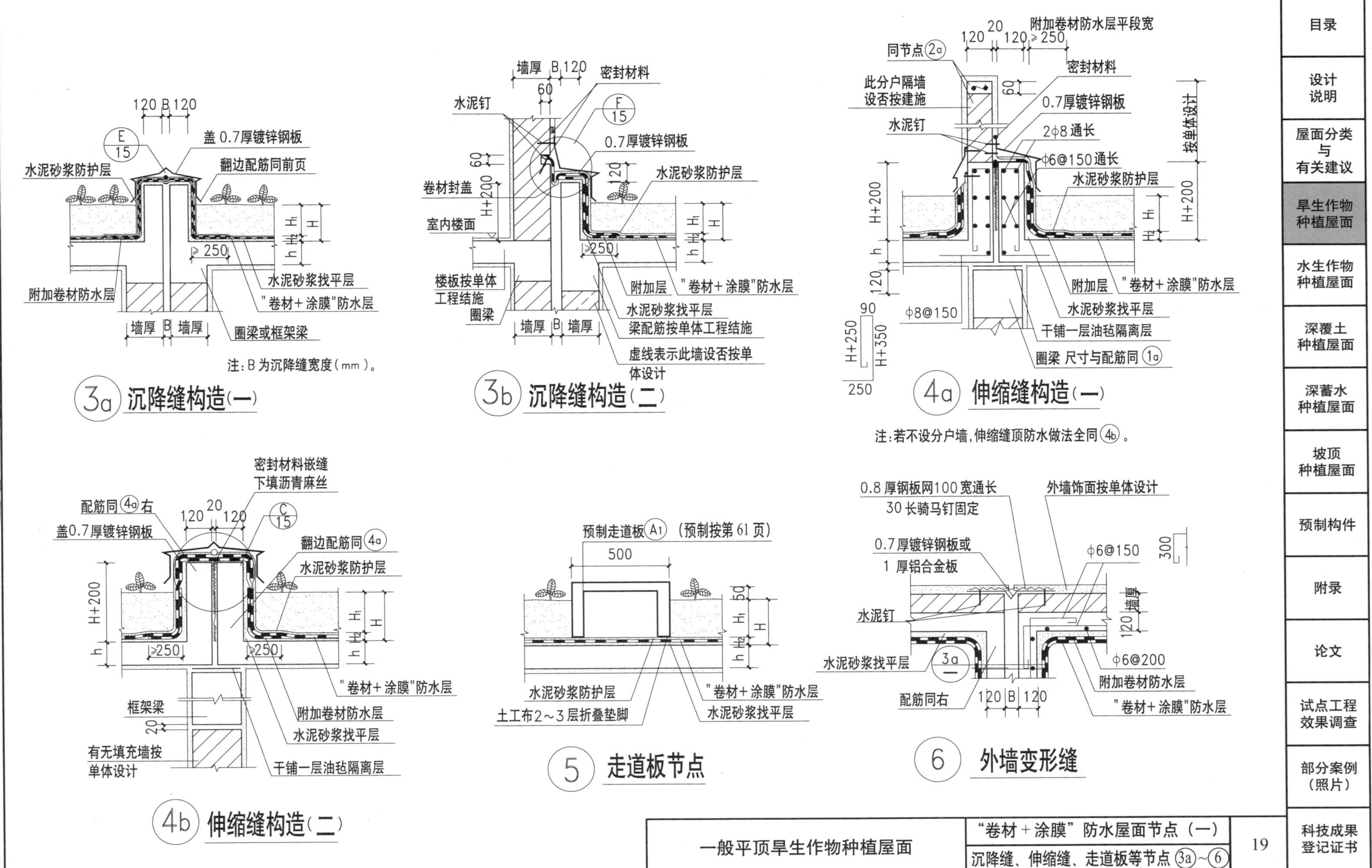

一般平顶旱生作物种植屋面	"卷材＋涂膜" 防水屋面节点（一） 沉降缝、伸缩缝、走道板等节点 3a~6	19

目录

设计说明

屋面分类与有关建议

旱生作物种植屋面

水生作物种植屋面

深覆土种植屋面

深蓄水种植屋面

坡顶种植屋面

预制构件

附录

论文

试点工程效果调查

部分案例(照片)

科技成果登记证书

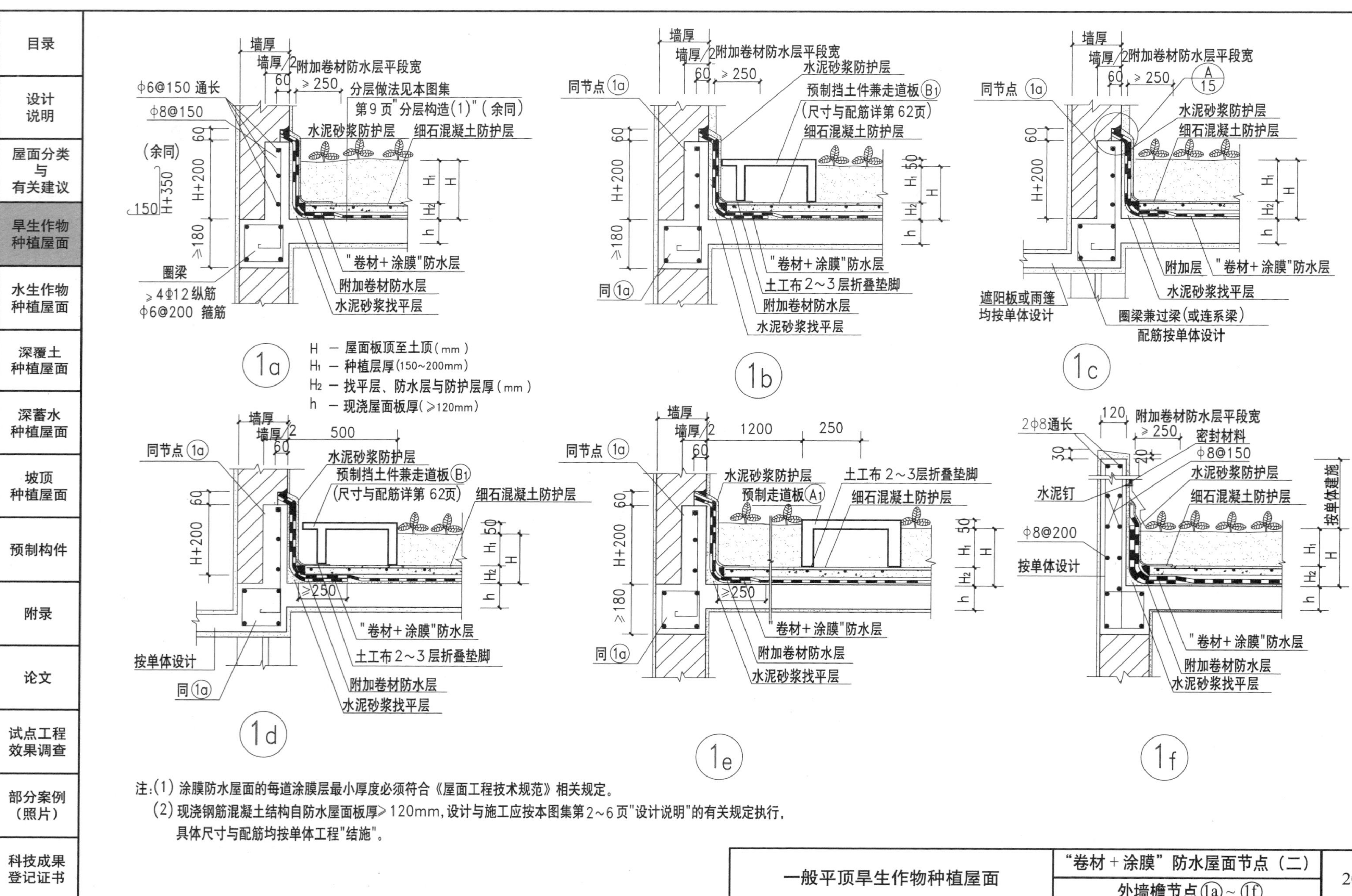

注:(1) 涂膜防水屋面的每道涂膜层最小厚度必须符合《屋面工程技术规范》相关规定。

(2) 现浇钢筋混凝土结构自防水屋面板厚≥120mm,设计与施工应按本图集第2~6页"设计说明"的有关规定执行,具体尺寸与配筋均按单体工程"结施"。

一般平顶旱生作物种植屋面	"卷材+涂膜"防水屋面节点(二) 外墙檐节点1a~1f	20

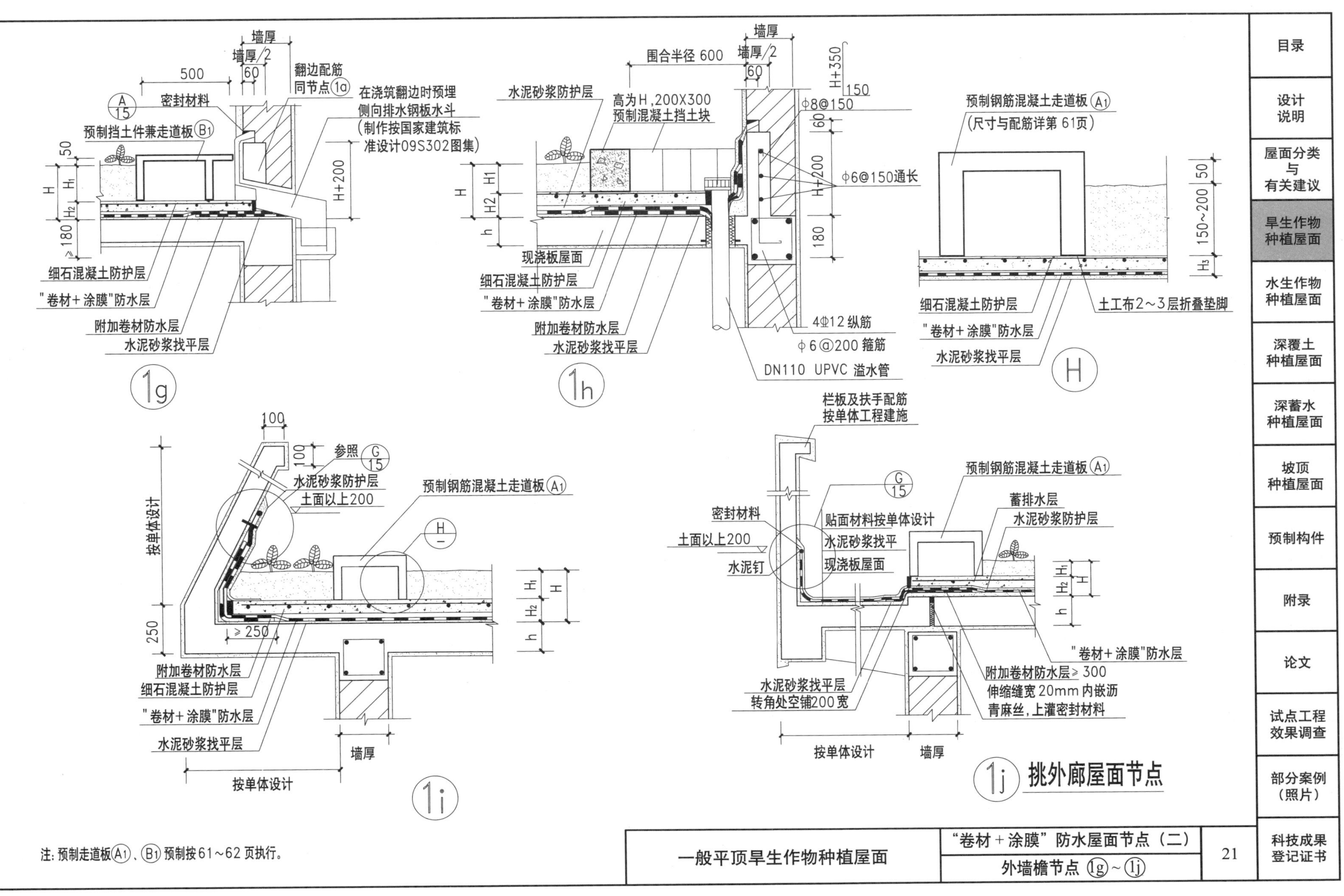

注:预制走道板A1、B1预制按61~62页执行。

一般平顶旱生作物种植屋面	"卷材+涂膜"防水屋面节点(二)	21
	外墙檐节点 1g~1j	

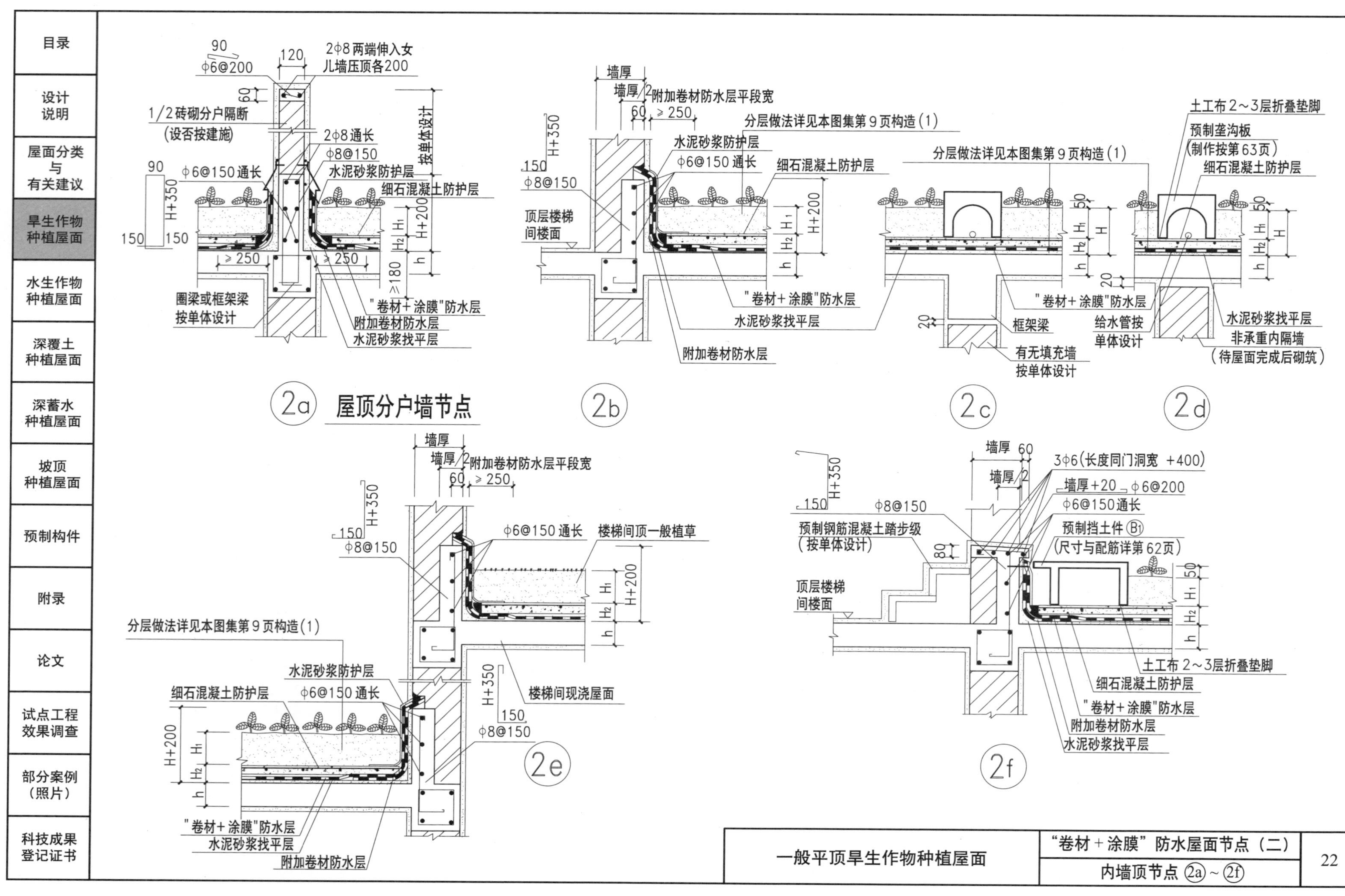

一般平顶旱生作物种植屋面	"卷材＋涂膜"防水屋面节点（二）	22
	内墙顶节点 2a ~ 2f	

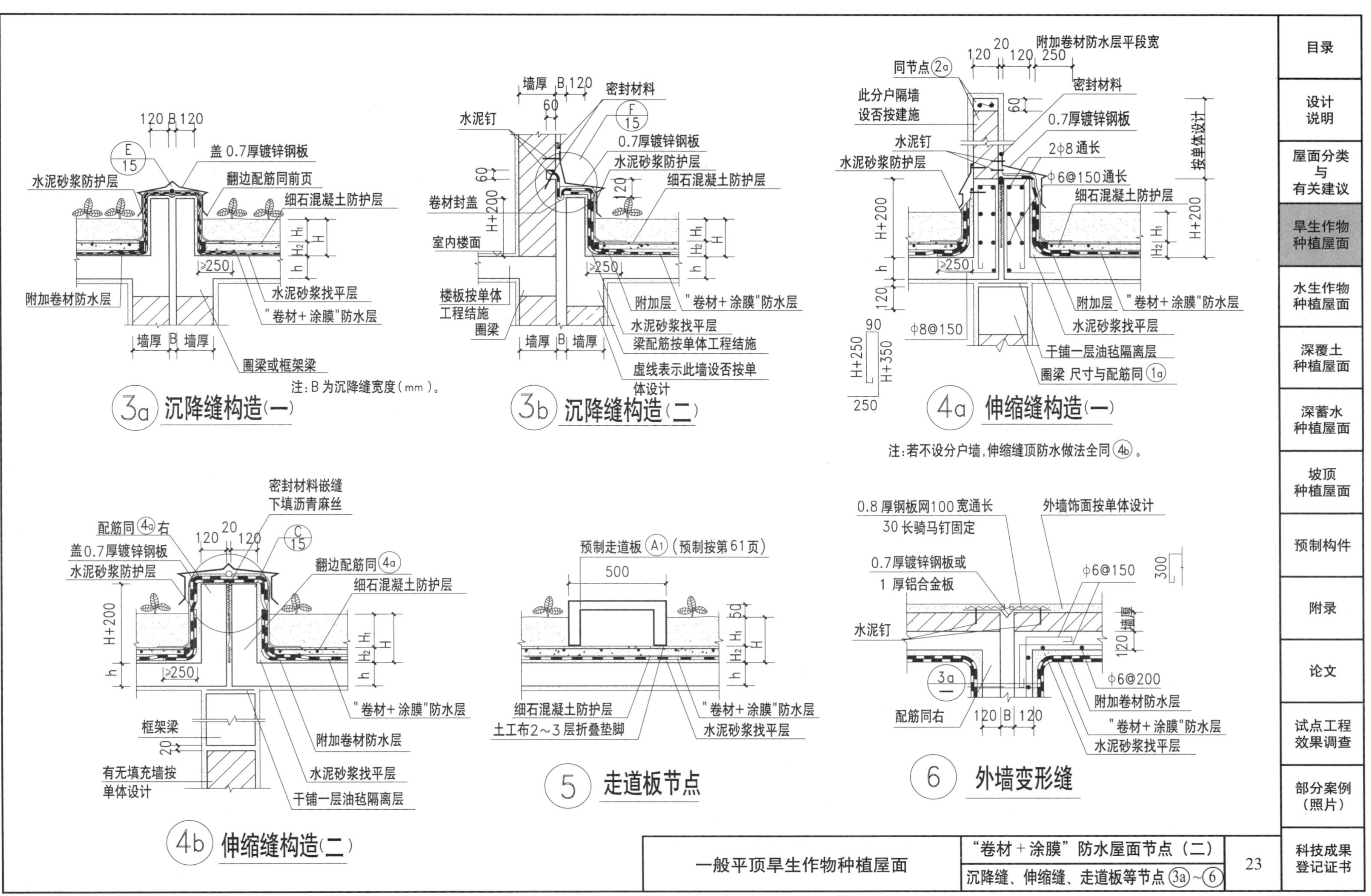
120 B 120
E/15
盖0.7厚镀锌钢板
水泥砂浆防护层
翻边配筋同前页
细石混凝土防护层
≥250
附加卷材防水层
水泥砂浆找平层
"卷材+涂膜"防水层
墙厚 B 墙厚
圈梁或框架梁
注：B为沉降缝宽度（mm）。
3a 沉降缝构造（一）
墙厚 B 120
密封材料
水泥钉
60
F/15
0.7厚镀锌钢板
水泥砂浆防护层
细石混凝土防护层
卷材封盖
室内楼面
楼板按单体工程结施
圈梁
附加层
"卷材+涂膜"防水层
水泥砂浆找平层
梁配筋按单体工程结施
虚线表示此墙设否按单体设计
3b 沉降缝构造（二）
20
附加卷材防水层平段宽
120 120 250
同节点2a
此分户隔墙设否按建施
密封材料
0.7厚镀锌钢板
水泥钉
2φ8通长
水泥砂浆防护层
φ6@150通长
按单体设计
细石混凝土防护层
H+200
附加层
"卷材+涂膜"防水层
水泥砂浆找平层
φ8@150
干铺一层油毡隔离层
圈梁 尺寸与配筋同1a
90
H+250
H+350
250
4a 伸缩缝构造（一）
注：若不设分户墙，伸缩缝顶防水做法全同4b。
密封材料嵌缝
下填沥青麻丝
配筋同4a右
盖0.7厚镀锌钢板
水泥砂浆防护层
120 20 120
C/15
翻边配筋同4a
细石混凝土防护层
"卷材+涂膜"防水层
框架梁
附加卷材防水层
有无填充墙按单体设计
水泥砂浆找平层
干铺一层油毡隔离层
4b 伸缩缝构造（二）
预制走道板A1（预制按第61页）
500
细石混凝土防护层
土工布2～3层折叠垫脚
"卷材+涂膜"防水层
水泥砂浆找平层
5 走道板节点
0.8厚钢板网100宽通长
30长骑马钉固定
外墙饰面按单体设计
0.7厚镀锌钢板或
1厚铝合金板
φ6@150
300
水泥钉
墙厚
3a
配筋同右
120 B 120
φ6@200
附加卷材防水层
"卷材+涂膜"防水层
水泥砂浆找平层
6 外墙变形缝

一般平顶水生作物种植屋面分层做法

适用屋面：现浇钢筋混凝土结构自防水平屋面，坡度为 0%。

（1）双层卷材防水屋面：

- 农作物：由用户定。
- 水深：一般按从屋面至水面 300mm(荷载计算按 350mm 取值）。
- 种植土：由用户选用适种作物的土壤（土厚 150 mm）。
- 防护层：25mm 厚 1 ： 2 .5 水泥砂浆（掺微膨胀剂，内置编织钢筋网 片一层，分格缝纵横间距≤ 6m，缝宽 20mm，嵌密封材料）。
- 隔离层：200g/m² 聚酯无纺布，或石油沥青卷材一层。
- 防水层：一层阻根型卷材置于普通卷材上方。
- 找平层：15mm 厚 1 ： 2.5 水泥砂浆（掺微膨胀剂）。
- 现浇钢筋混凝土结构自防水屋面（设计与施工按【注】2）。

（2）“卷材 + 涂膜 ”防水屋面（一）：

- 农作物：由用户定。
- 水深：一般按从屋面至水面 300mm(荷载计算按 350mm 取值）。
- 种植土：由用户选用适种作物的土壤（土厚 150mm）。
- 防护层：25mm 厚 1 ： 2 .5 水泥砂浆（掺微膨胀剂，内置编织钢筋网片一层，分格缝纵横间距≤ 6m，缝宽 20mm，嵌密封材料）。
- 隔离层：200g/m² 聚酯无纺布，或石油沥青卷材一层。
- 防水层 2：阻根型卷材。
- 防水层 1：防水涂膜。
- 找平层：15mm 厚 1 ： 2.5 水泥砂浆（掺微膨胀剂）。
- 现浇钢筋混凝土结构自防水屋面（设计与施工按【注】2）。

（3）“卷材 + 涂膜”防水屋面（二）：

- 农作物：由用户定。
- 水深：一般按从屋面至水面 300mm(荷载计算按 350mm 取值）。
- 种植土：由用户选用适种作物的土壤（土厚 150mm）。
- 细石混凝土防护层：40mm 厚 C25 细石混凝土（内配 ф4@100 双层双向）随捣随抹平，伸缩缝间距同现浇屋面板，缝宽 20mm，嵌密封材料，顶贴 250mm 宽防水卷材。
- 隔离层：10mm 厚石灰砂浆 (石灰膏 : 砂 ＝ 1: 4)。
- 防水层 2：阻根型卷材。
- 防水层 1：防水涂膜。
- 找平层：15mm 厚 1 ： 2.5 水泥砂浆（掺微膨胀剂）。
- 现浇钢筋混凝土结构自防水屋面（设计与施工按【注】2）。

【注】

1. 阻根型卷材按本图集“设计说明”五 .3.（1）选用。
2. 现浇钢筋混凝土结构自防水屋面施工应严格按本图集“设计说明”七、3、4、5、6、7、11 各条要求；屋面验收务必严格按“设计说明”七、12 实施蓄水检验。

本例为某农民新村住宅多单元联建的“一般平顶水生作物种植屋面”，分层做法按本图集第 24 页“构造分类”，对应不同位置的层面构造节点见第 26~29 页。

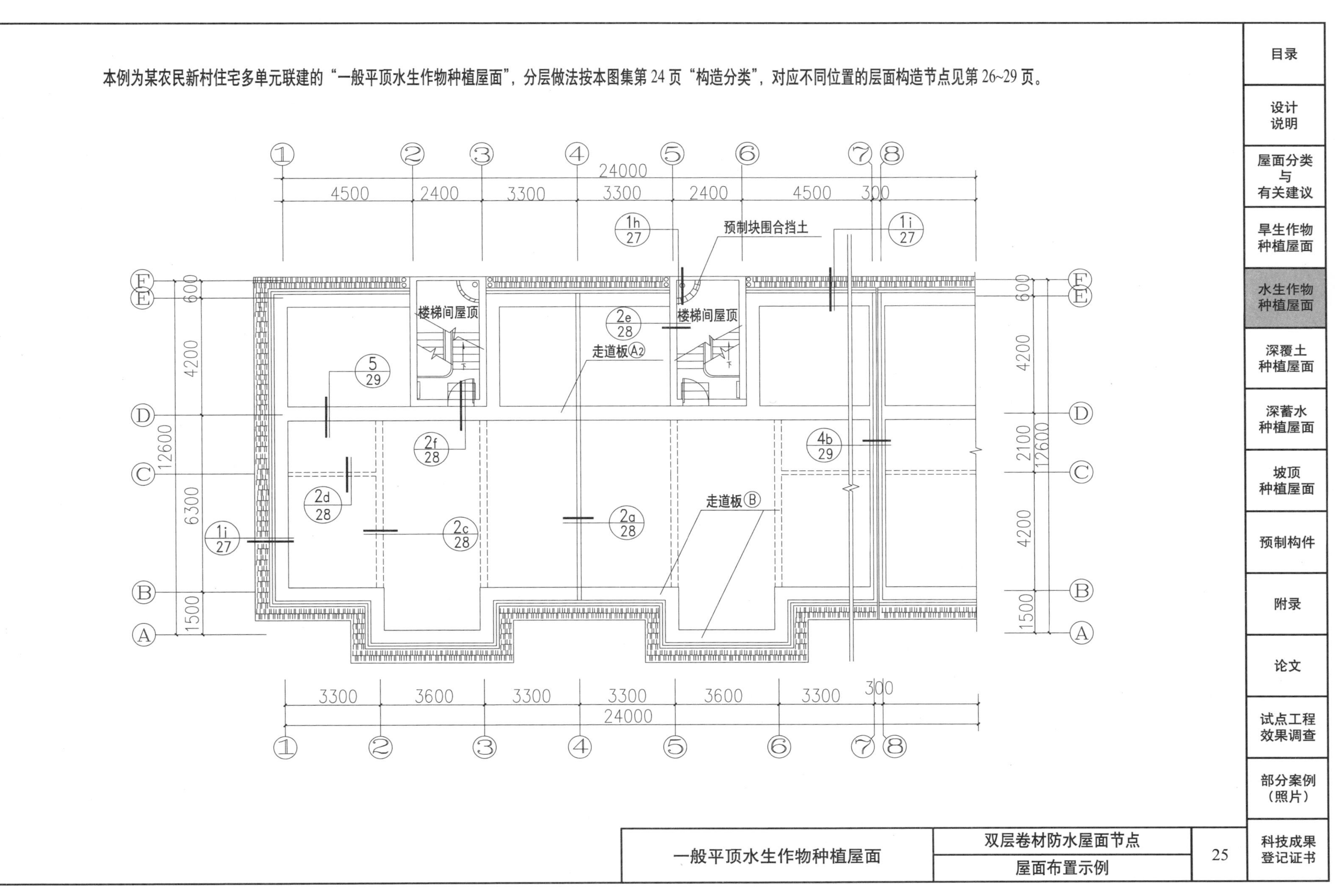

一般平顶水生作物种植屋面	双层卷材防水屋面节点	25
	屋面布置示例	

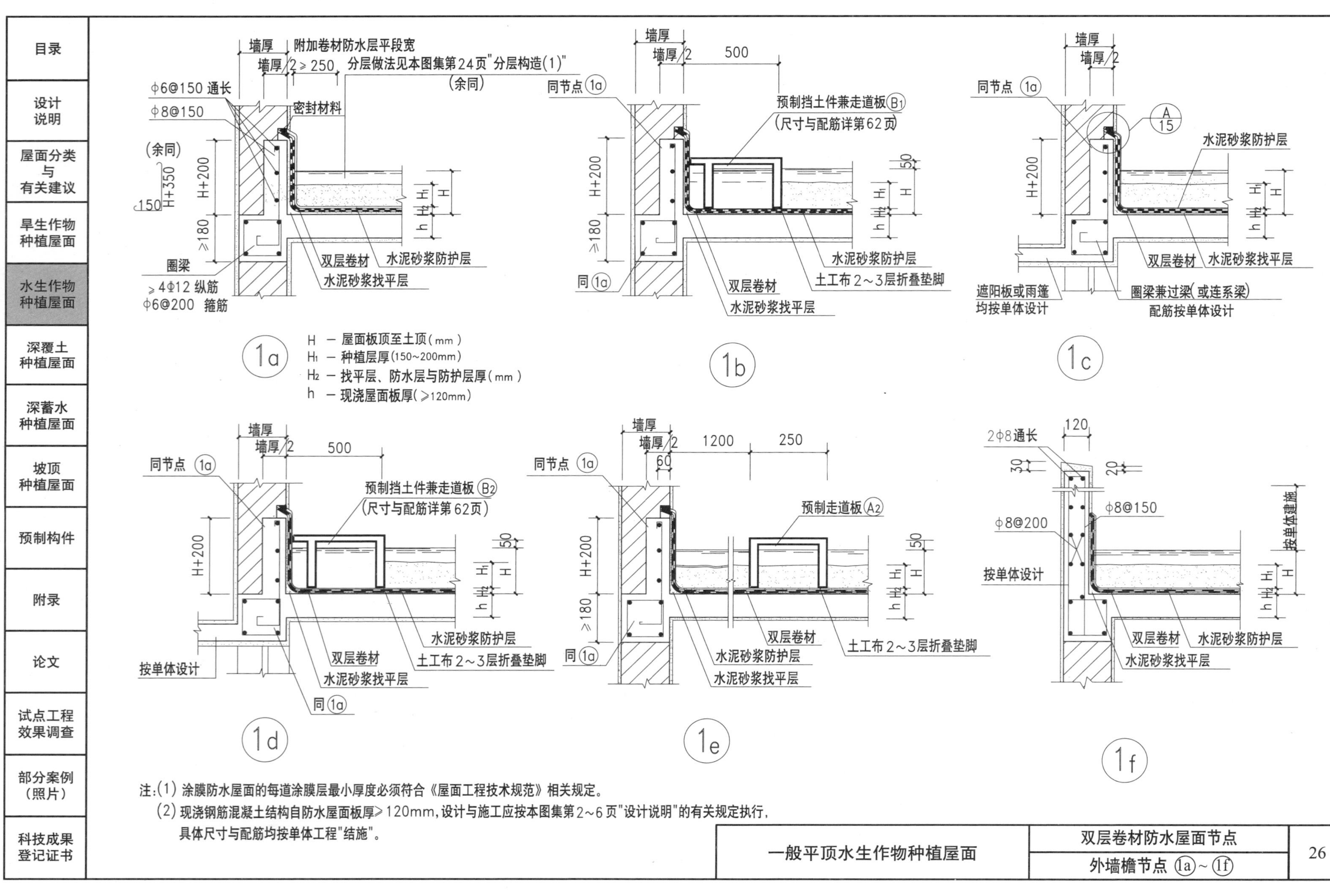

注:(1) 涂膜防水屋面的每道涂膜层最小厚度必须符合《屋面工程技术规范》相关规定。
(2) 现浇钢筋混凝土结构自防水屋面板厚≥120mm,设计与施工应按本图集第2~6页"设计说明"的有关规定执行,具体尺寸与配筋均按单体工程"结施"。

一般平顶水生作物种植屋面	双层卷材防水屋面节点 外墙檐节点 1a~1f	26

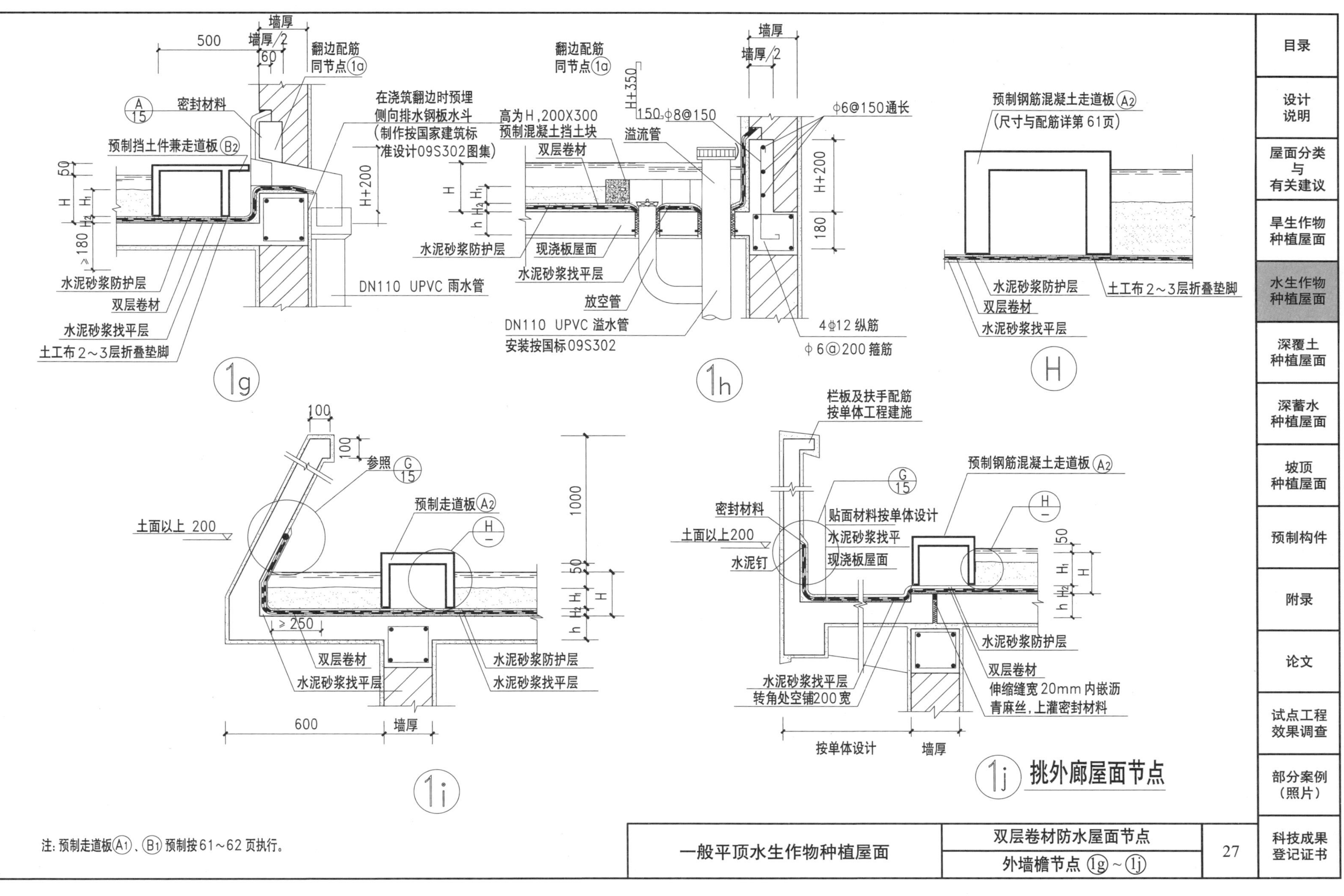

注:预制走道板A1、B1预制按61～62页执行。

一般平顶水生作物种植屋面	双层卷材防水屋面节点 外墙檐节点1g～1j	27

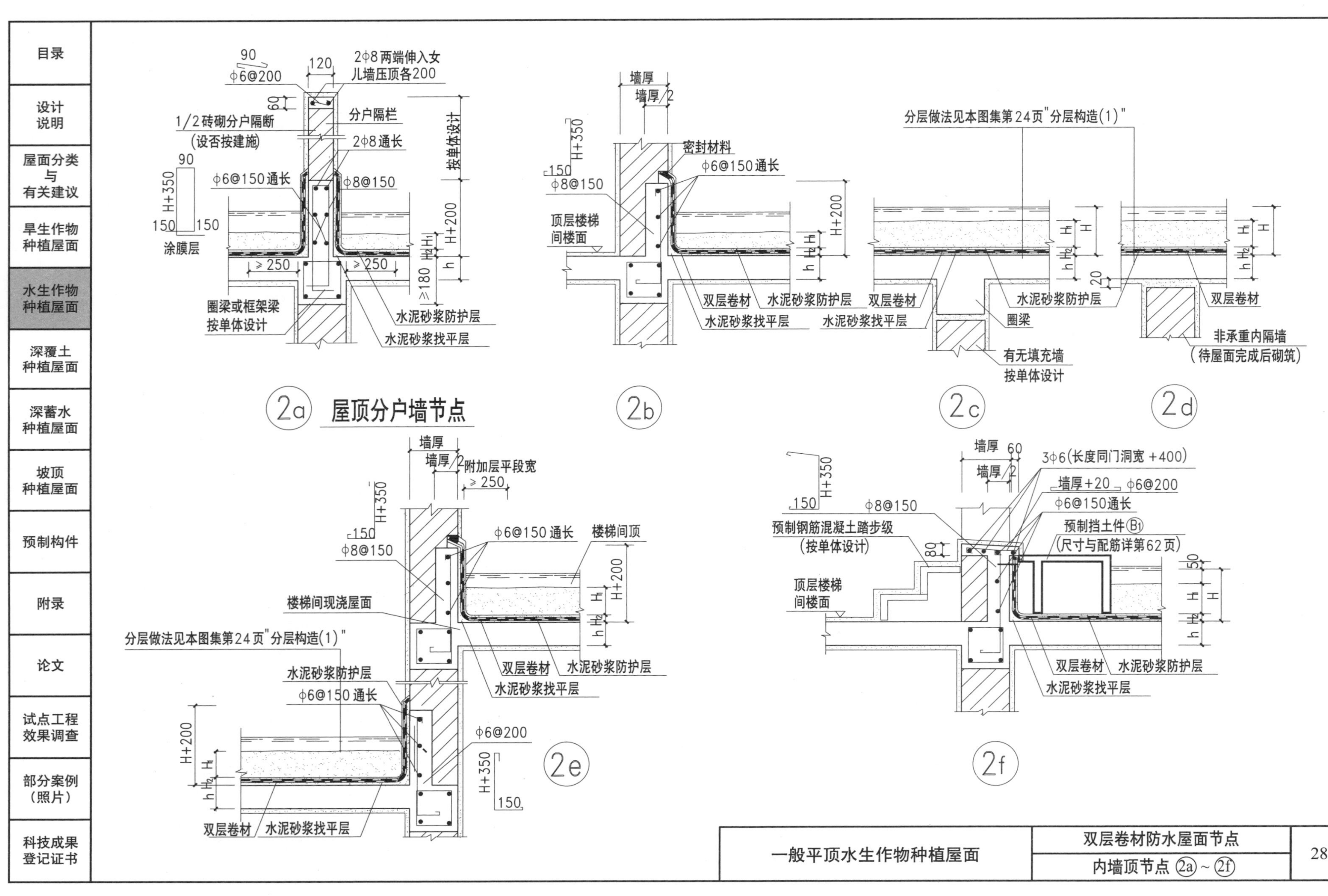

一般平顶水生作物种植屋面	双层卷材防水屋面节点 内墙顶节点 2a ~ 2f	28

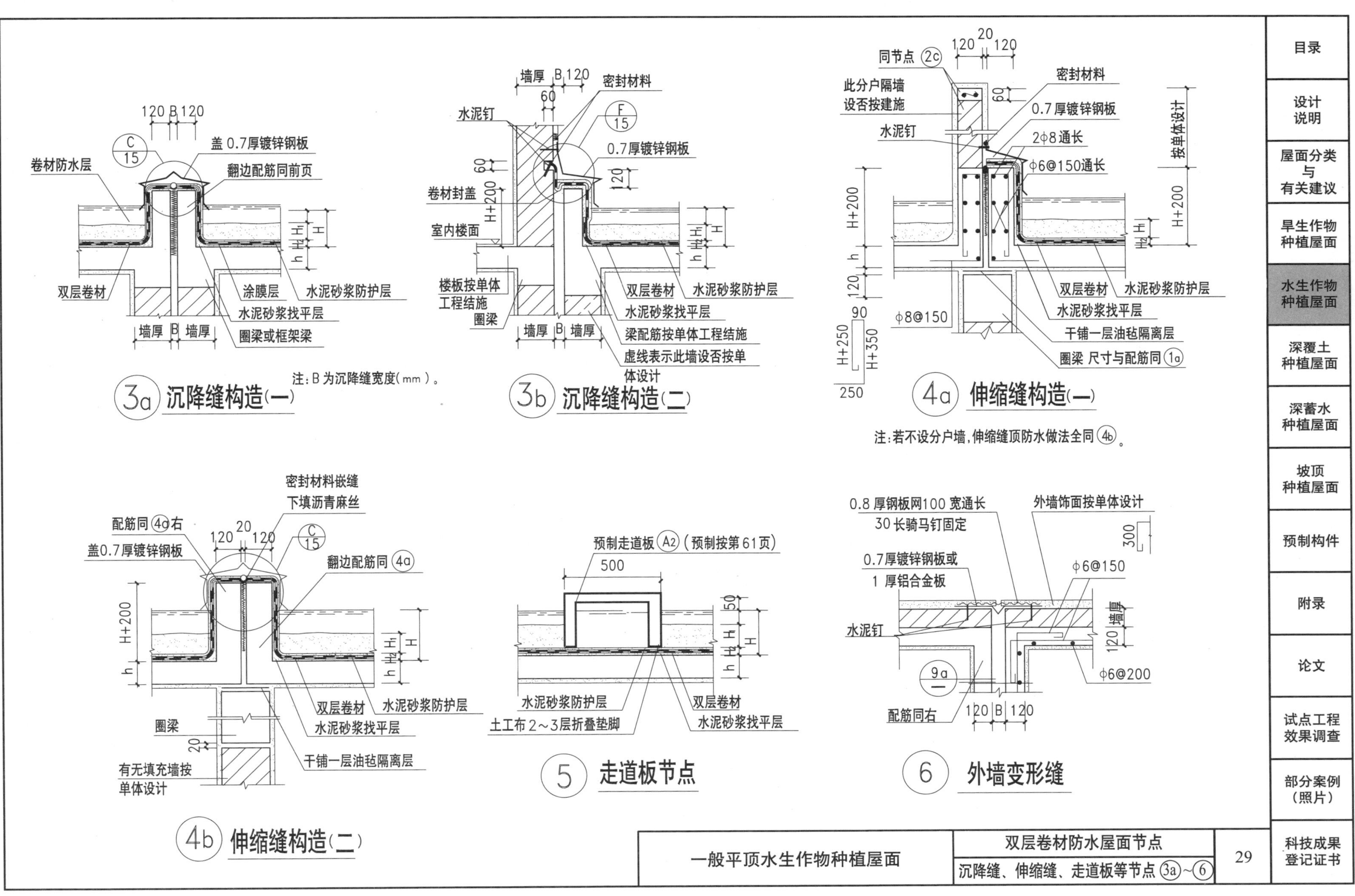

一般平顶水生作物种植屋面	双层卷材防水屋面节点 沉降缝、伸缩缝、走道板等节点 3a～6	29

目录 | 设计说明 | 屋面分类与有关建议 | 旱生作物种植屋面 | 水生作物种植屋面 | 深覆土种植屋面 | 深蓄水种植屋面 | 坡顶种植屋面 | 预制构件 | 附录 | 论文 | 试点工程效果调查 | 部分案例(照片) | 科技成果登记证书

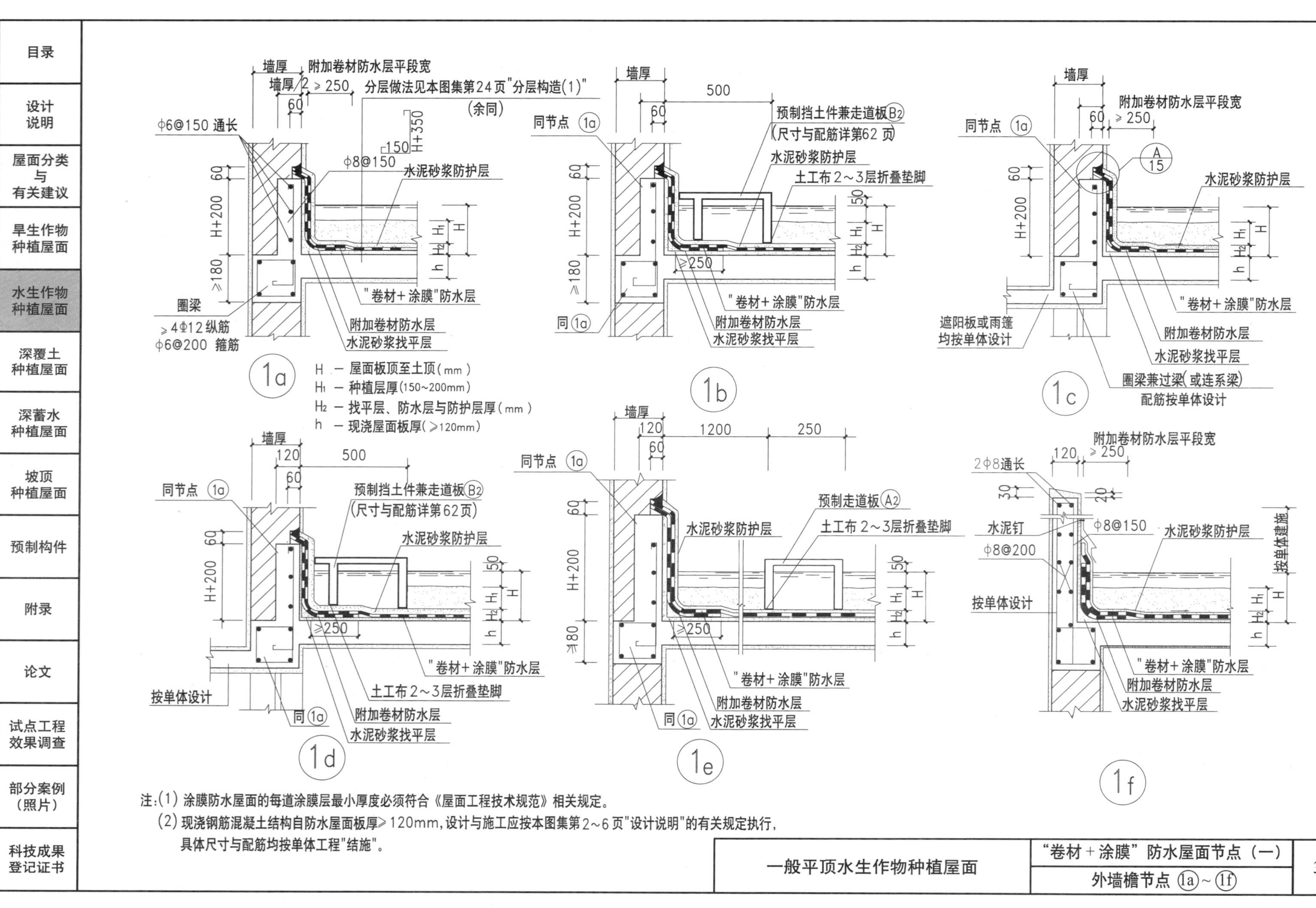

目录
设计说明
屋面分类与有关建议
旱生作物种植屋面
水生作物种植屋面
深覆土种植屋面
深蓄水种植屋面
坡顶种植屋面
预制构件
附录
论文
试点工程效果调查
部分案例（照片）
科技成果登记证书
墙厚
附加卷材防水层平段宽
墙厚/2 ≥250
分层做法见本图集第24页"分层构造(1)"
(余同)
60
ф6@150 通长
150
H+350
ф8@150
水泥砂浆防护层
H+200
≥180
圈梁
≥4Φ12 纵筋
ф6@200 箍筋
"卷材+涂膜"防水层
附加卷材防水层
水泥砂浆找平层
1a
H — 屋面板顶至土顶(mm)
H1 — 种植层厚(150~200mm)
H2 — 找平层、防水层与防护层厚(mm)
h — 现浇屋面板厚(≥120mm)
500
同节点 1a
预制挡土件兼走道板 B2
(尺寸与配筋详第62页)
土工布2~3层折叠垫脚
≥250
同 1a
1b
A 15
遮阳板或雨篷均按单体设计
圈梁兼过梁(或连系梁)配筋按单体设计
1c
120
预制挡土件兼走道板 B2
(尺寸与配筋详第62页)
按单体设计
1d
1200
250
预制走道板 A2
1e
2Φ8通长
水泥钉
ф8@200
按单体建施
1f
注:(1) 涂膜防水屋面的每道涂膜层最小厚度必须符合《屋面工程技术规范》相关规定。
(2) 现浇钢筋混凝土结构自防水屋面板厚≥120mm,设计与施工应按本图集第2~6页"设计说明"的有关规定执行,具体尺寸与配筋均按单体工程"结施"。
一般平顶水生作物种植屋面
"卷材+涂膜"防水屋面节点（一）
外墙檐节点 1a~1f
30

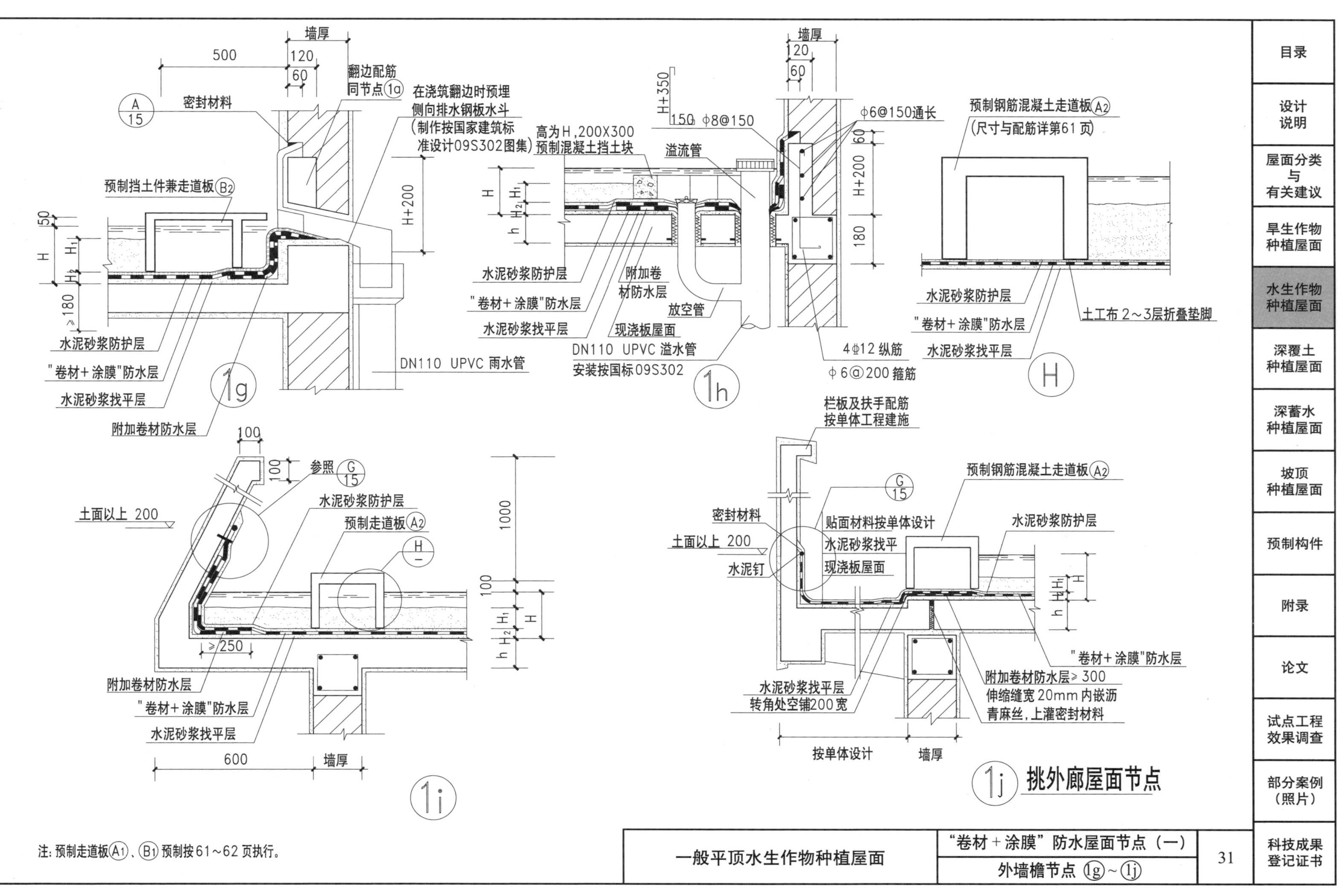

注：预制走道板A1、B1预制按61～62页执行。

一般平顶水生作物种植屋面	“卷材＋涂膜”防水屋面节点（一） 外墙檐节点 1g～1j	31

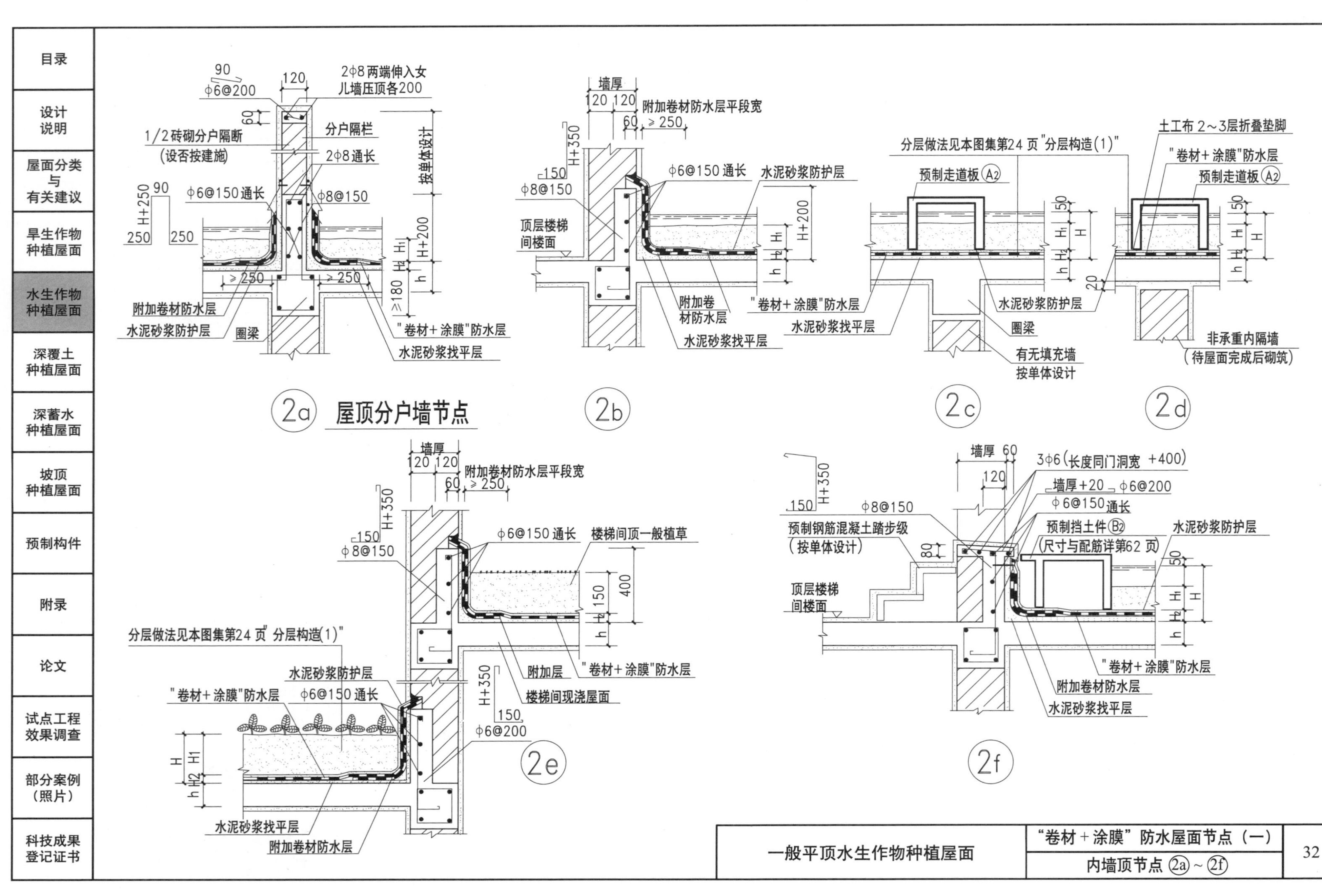

一般平顶水生作物种植屋面	"卷材＋涂膜"防水屋面节点（一）	32
	内墙顶节点 2a ~ 2f	

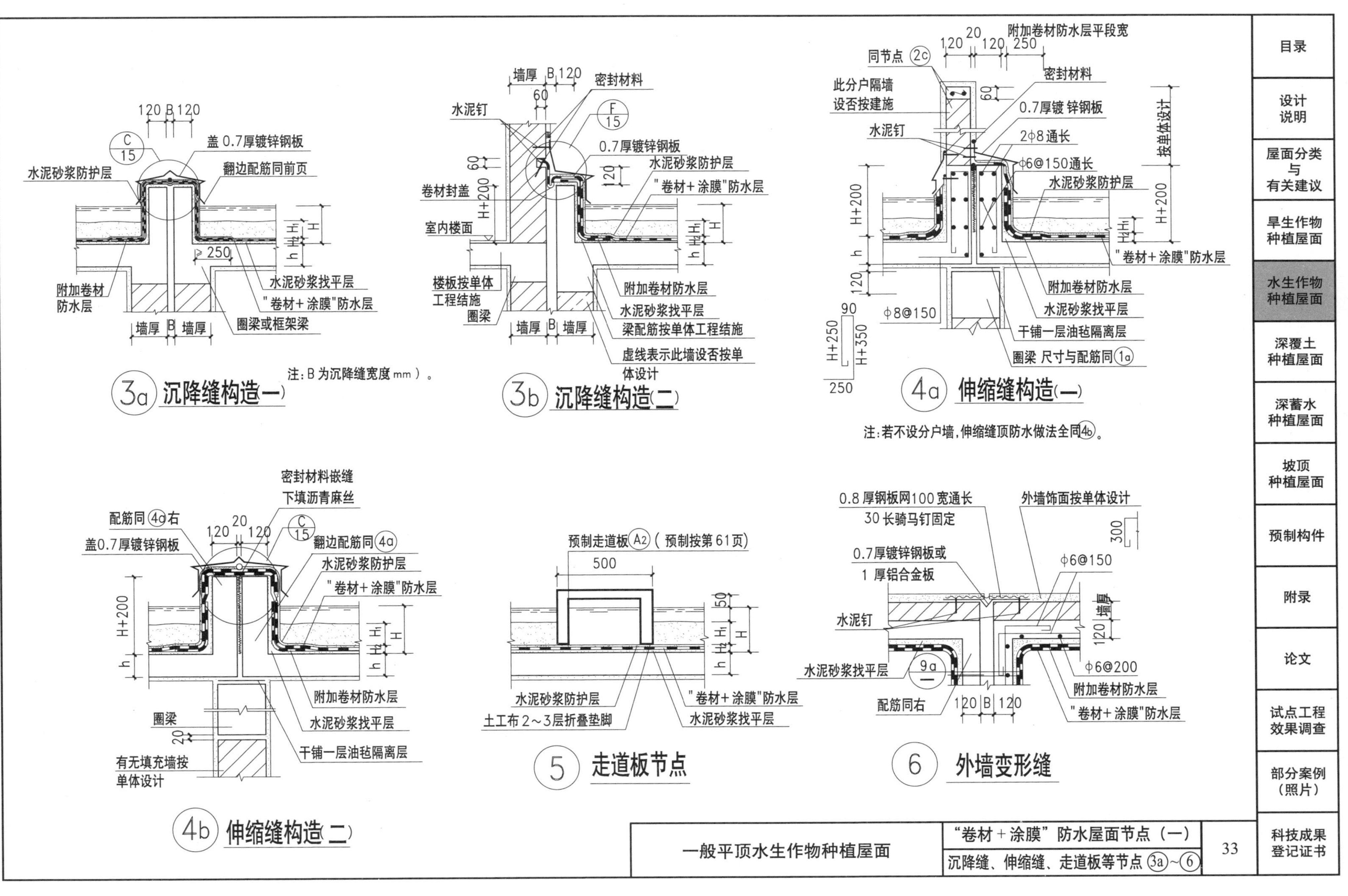

一般平顶水生作物种植屋面	"卷材+涂膜"防水屋面节点（一） 沉降缝、伸缩缝、走道板等节点3a～6	33

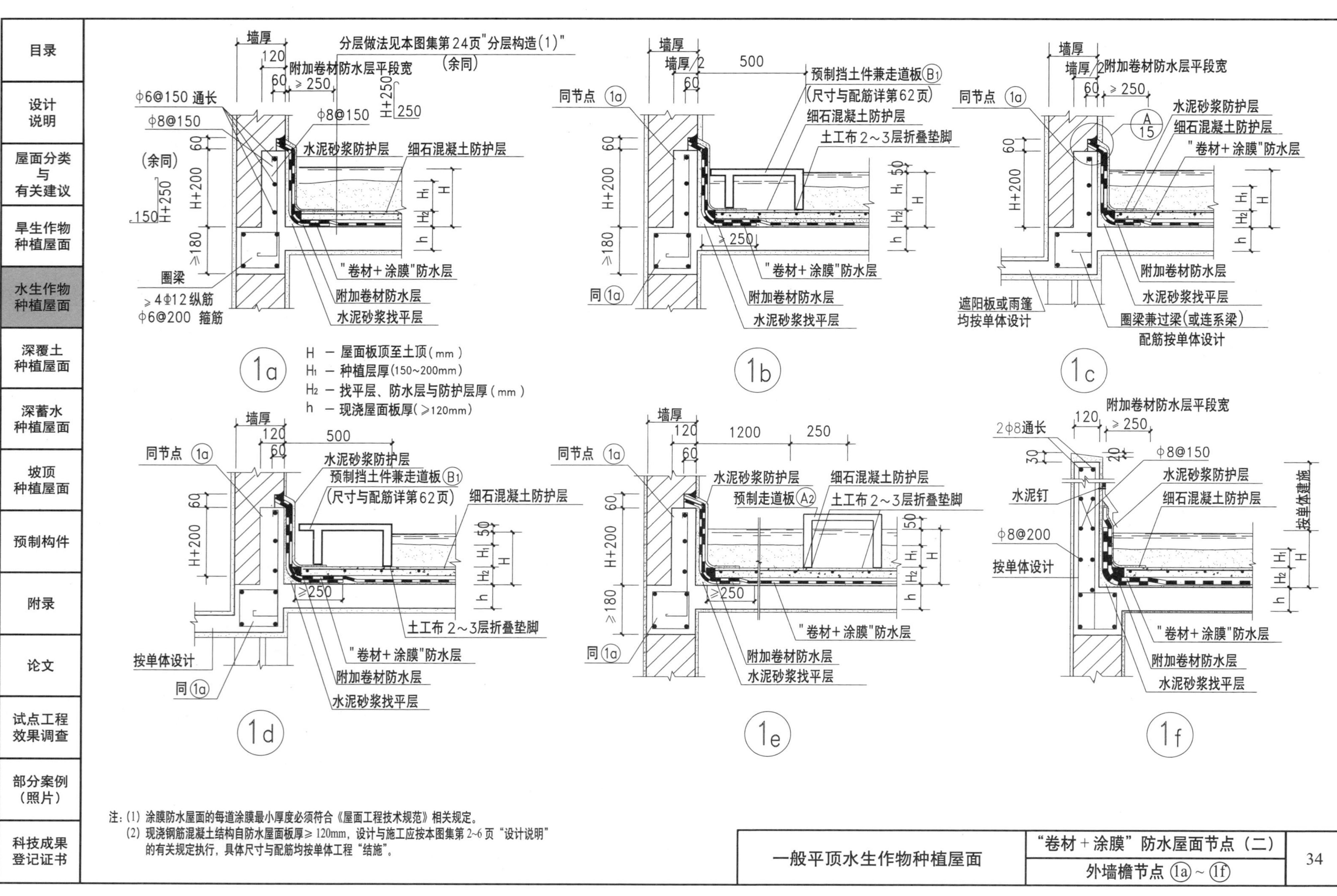

注:(1) 涂膜防水屋面的每道涂膜最小厚度必须符合《屋面工程技术规范》相关规定。

(2) 现浇钢筋混凝土结构自防水屋面板厚≥120mm,设计与施工应按本图集第2~6页"设计说明"的有关规定执行,具体尺寸与配筋均按单体工程"结施"。

一般平顶水生作物种植屋面	"卷材+涂膜"防水屋面节点(二)	34
	外墙檐节点 1a ~ 1f	

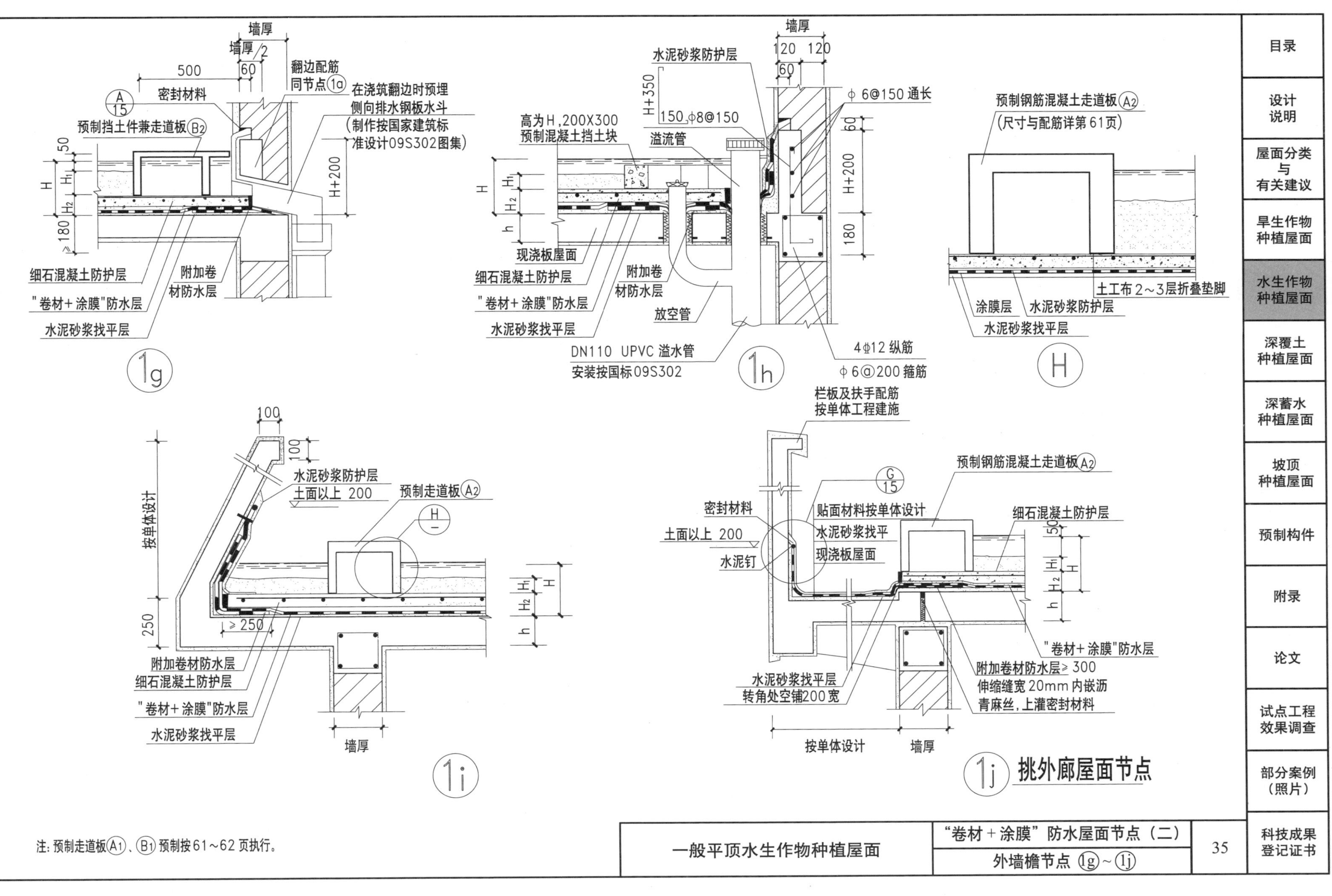

注：预制走道板A1、B1预制按61～62页执行。

一般平顶水生作物种植屋面 | “卷材＋涂膜”防水屋面节点（二） 外墙檐节点 1g～1j

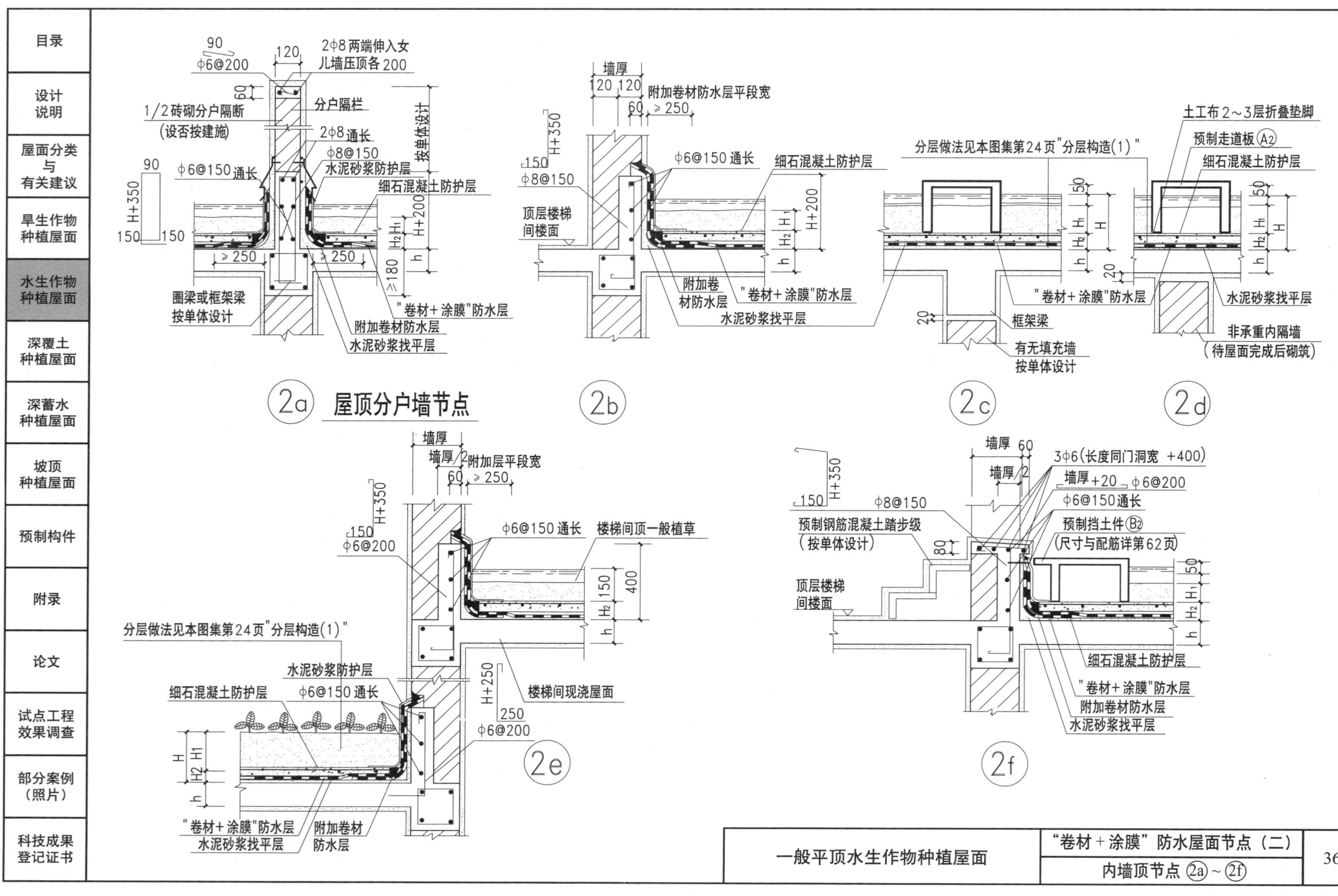

一般平顶水生作物种植屋面	"卷材＋涂膜"防水屋面节点（二）	36
	内墙顶节点 2a～2f	

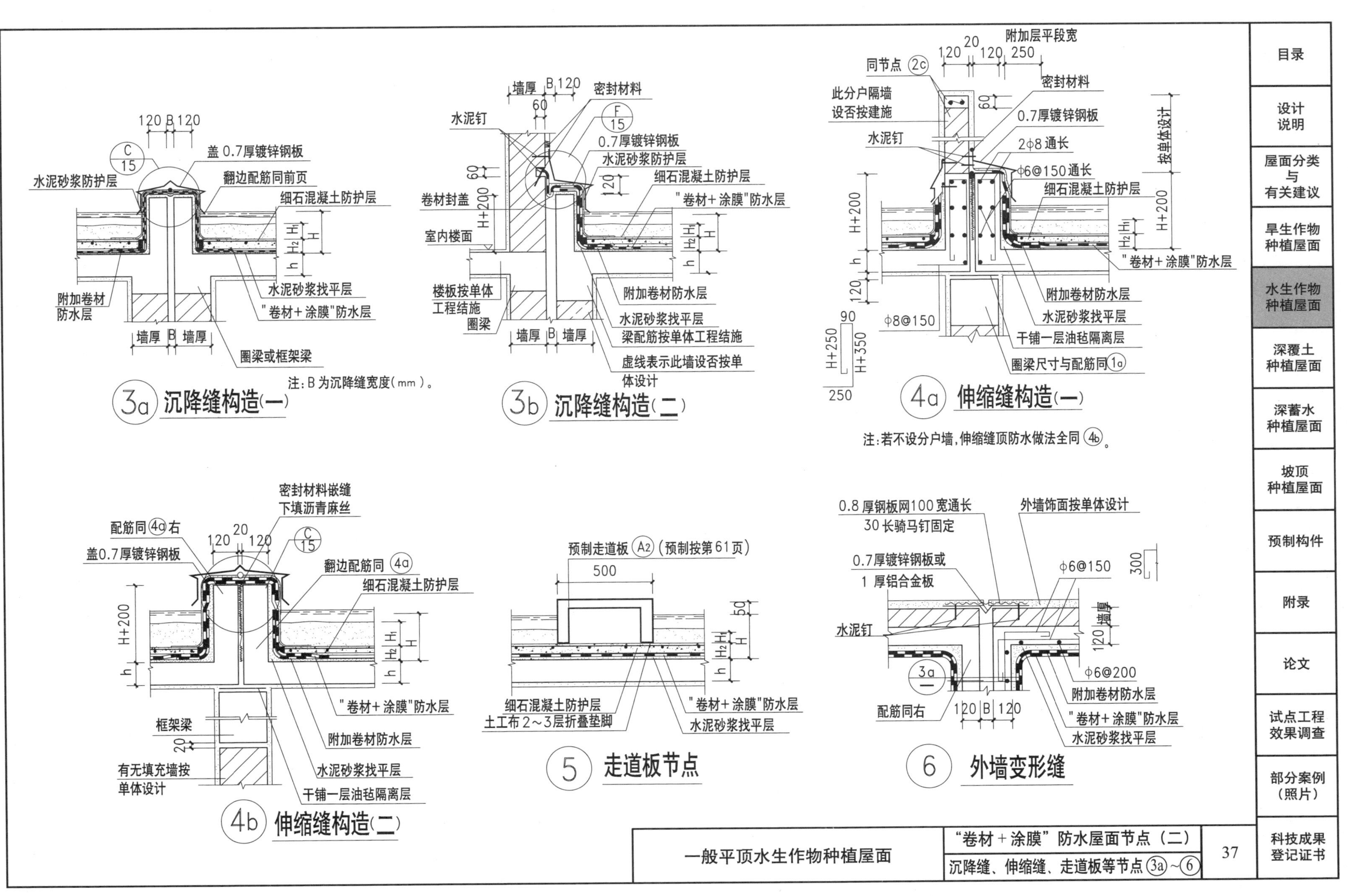

一般平顶水生作物种植屋面

"卷材+涂膜"防水屋面节点(二)

沉降缝、伸缩缝、走道板等节点 3a~6

深覆土种植屋面分层做法

1. 适用：小跨度单层建筑屋顶，或地下室顶板上深覆土种植。
2. 结构找坡：0.7%~1.0%。
3. 顶板分层构造：

（1）“卷材 + 涂膜”防水屋面：

- 农作物：一般宜选植多年生灌木型果树，由用户定。
- 种植土：土厚 500~600mm(由用户按种植需要选适种土壤。是否须设排水暗管，及其尺度与间距亦均由用户视需要定）。
- 排（蓄）水层：50~80mm 厚 300 × 600 加气混凝土预制块。
- 防护层：25mm 厚 1：2.5 水泥砂浆（掺微膨胀剂，内置编织钢筋网片一层，分格缝纵横间距≤6m，缝宽 20mm，嵌密封材料）。
- 隔离层：200g/m² 聚酯无纺布，或石油沥青卷材一层。
- 防水层 2：阻根型卷材。
- 防水层 1：防水涂膜。
- 找平层：15 mm 厚 1：2.5 水泥砂浆（掺微膨胀剂）。
- 现浇钢筋混凝土结构自防水屋面：屋面板厚宜≥150mm（具体尺寸与配筋均按单体结构设计），结构找坡 0.7%~1.0%，随捣随抹平（设计与施工要点均应严格按本图集“设计说明”的相关内容）。

（2）“双层卷材防水”地下室顶板：

- 农作物：由用户定（可种植多年生乔性果木）。
- 种植土：土厚 900~1200mm（由用户按种植需要选择适种土）。
- 排水层：200~300mm 厚自然级配砂卵石，上铺粗砂。
- 防护层：不小于 70mm 厚细石混凝土。
- 隔离层：10mm 厚石灰砂浆（石灰膏：砂 = 1:4，表面应平整、压实）。
- 防水层：一层阻根型卷材置于普通卷材上方。
- 找平层：15mm 厚 1：2.5 水泥砂浆（掺微膨胀剂）。
- 现浇钢筋混凝土结构自防水顶板：凡地下室，顶板厚≥250mm，结构找坡 0.7%~1.0%，随捣随抹平（设计与施工要点均应严格按本图集“设计说明”）。

【注】

1. 阻根型卷材按本图集“设计说明”五.3.（1）选用。地下室顶板设计应遵循《地下工程防水技术规范》GB 50108—2008 的相关规定，并视实况对排水作不同处理。
2. 当地下建筑顶板覆土与周边地面相连时，宜设盲沟排水。
3. 当地下建筑顶板高于周边地面时，参照屋面排水设计。
4. 当地下建筑顶板作下沉式种植时，须设自动抽排水系统。

本例为某新村农居辅房顶“卷材＋涂膜”防水种植屋面（屋顶果园），种植层厚度500mm，分层做法按本图集第38页的“顶板分层构造”(1)，相关节点构造见本图集第40~41页。

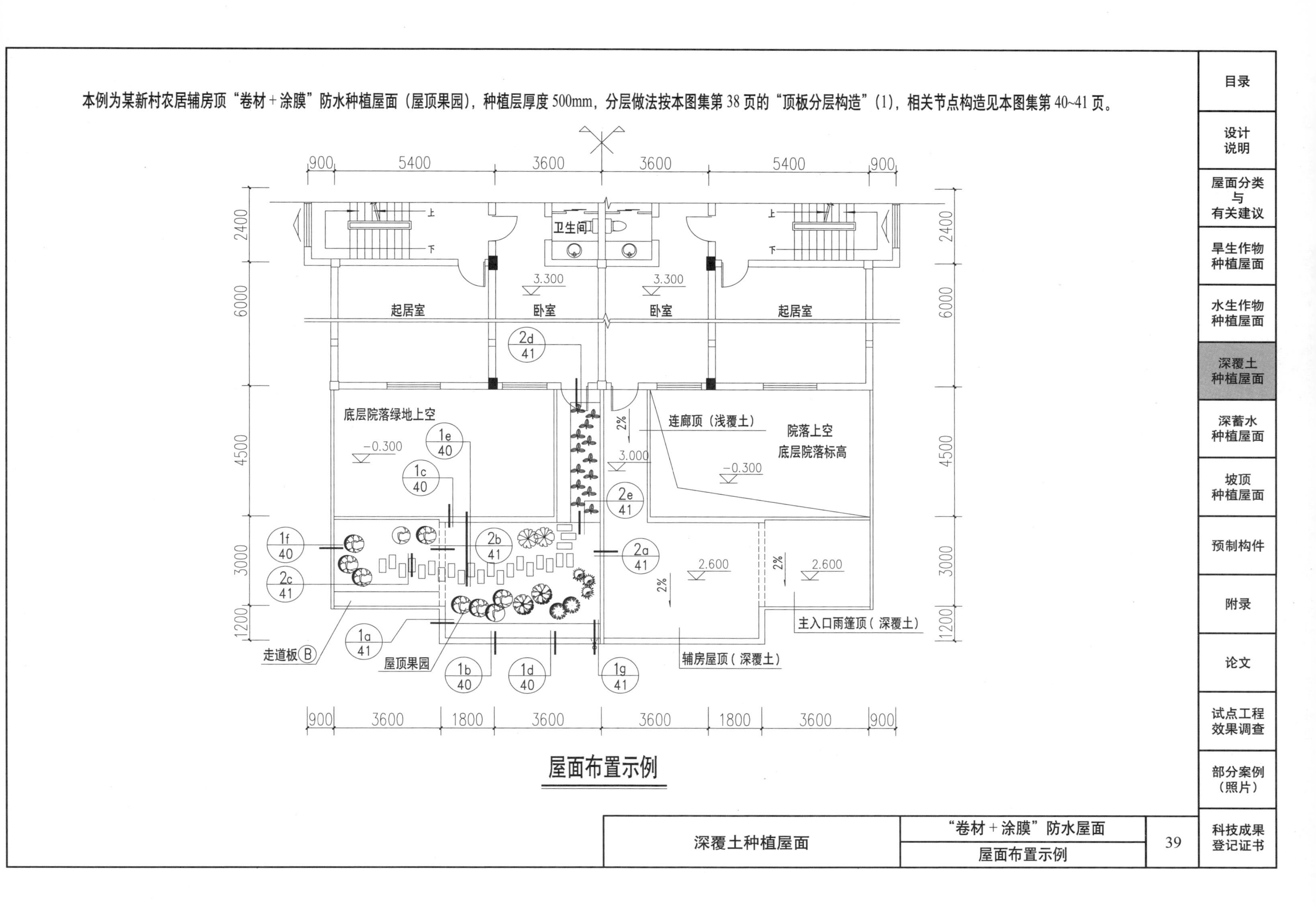

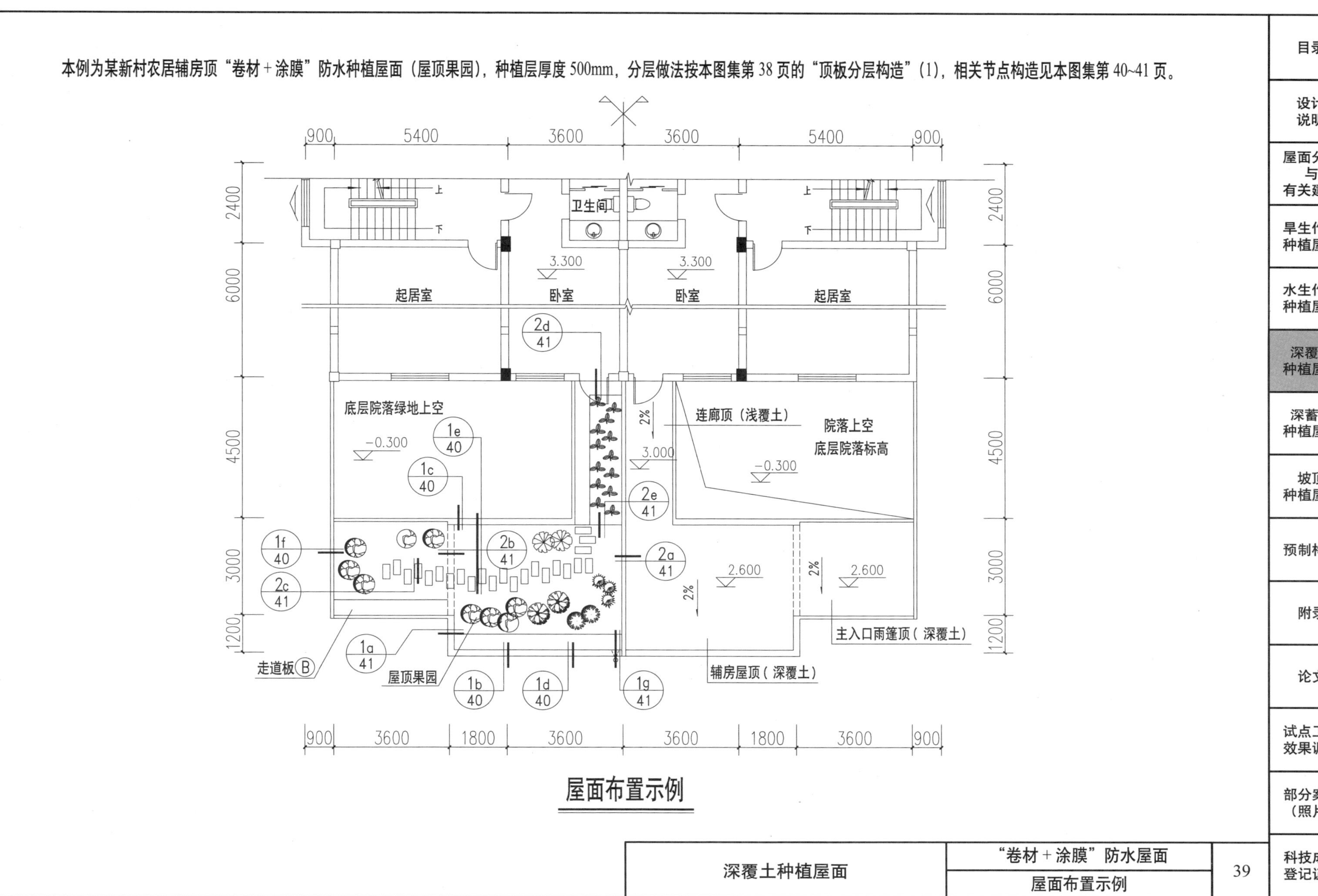

屋面布置示例

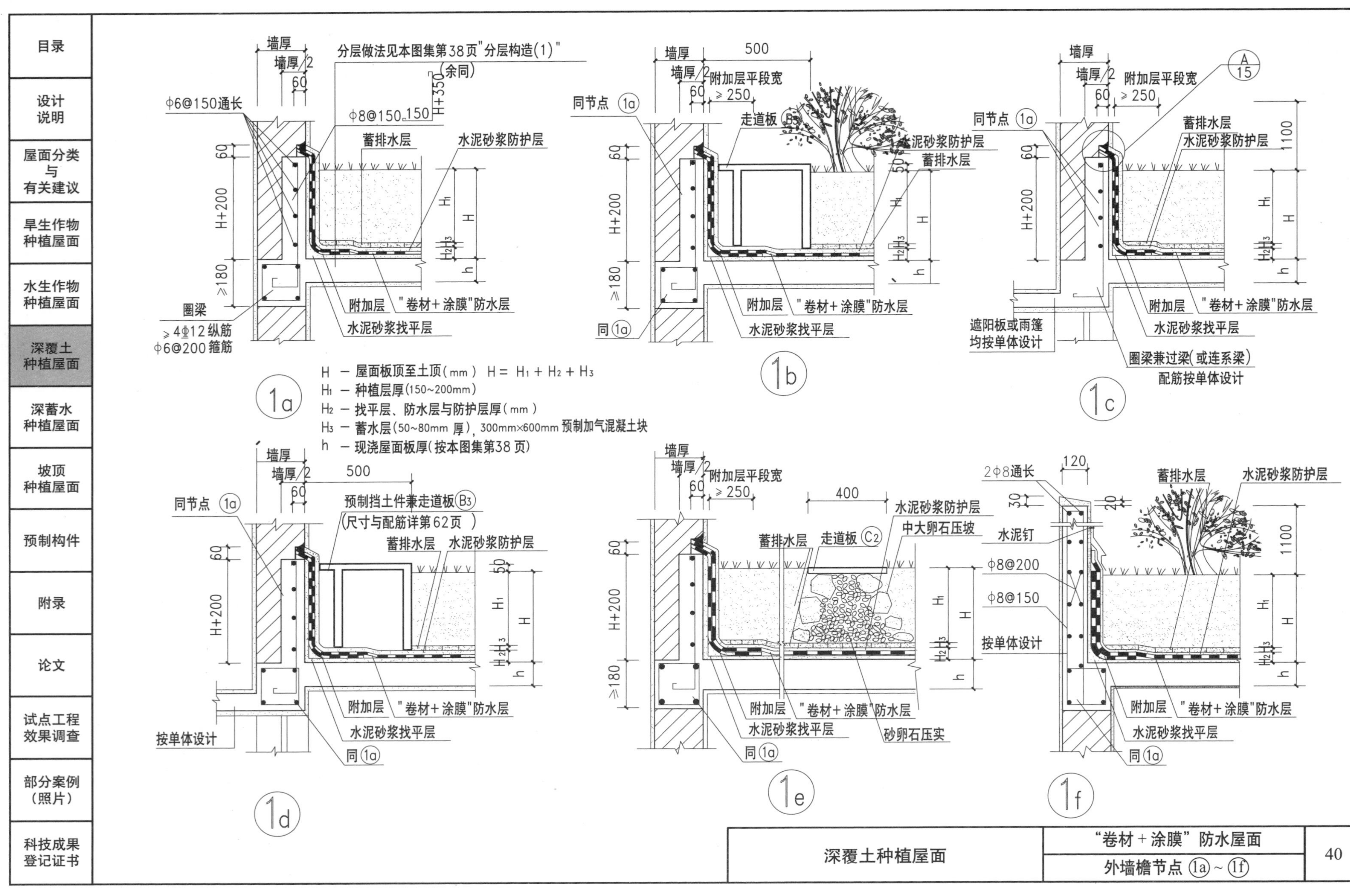

深覆土种植屋面	"卷材 + 涂膜" 防水屋面 外墙檐节点 1a ~ 1f	40

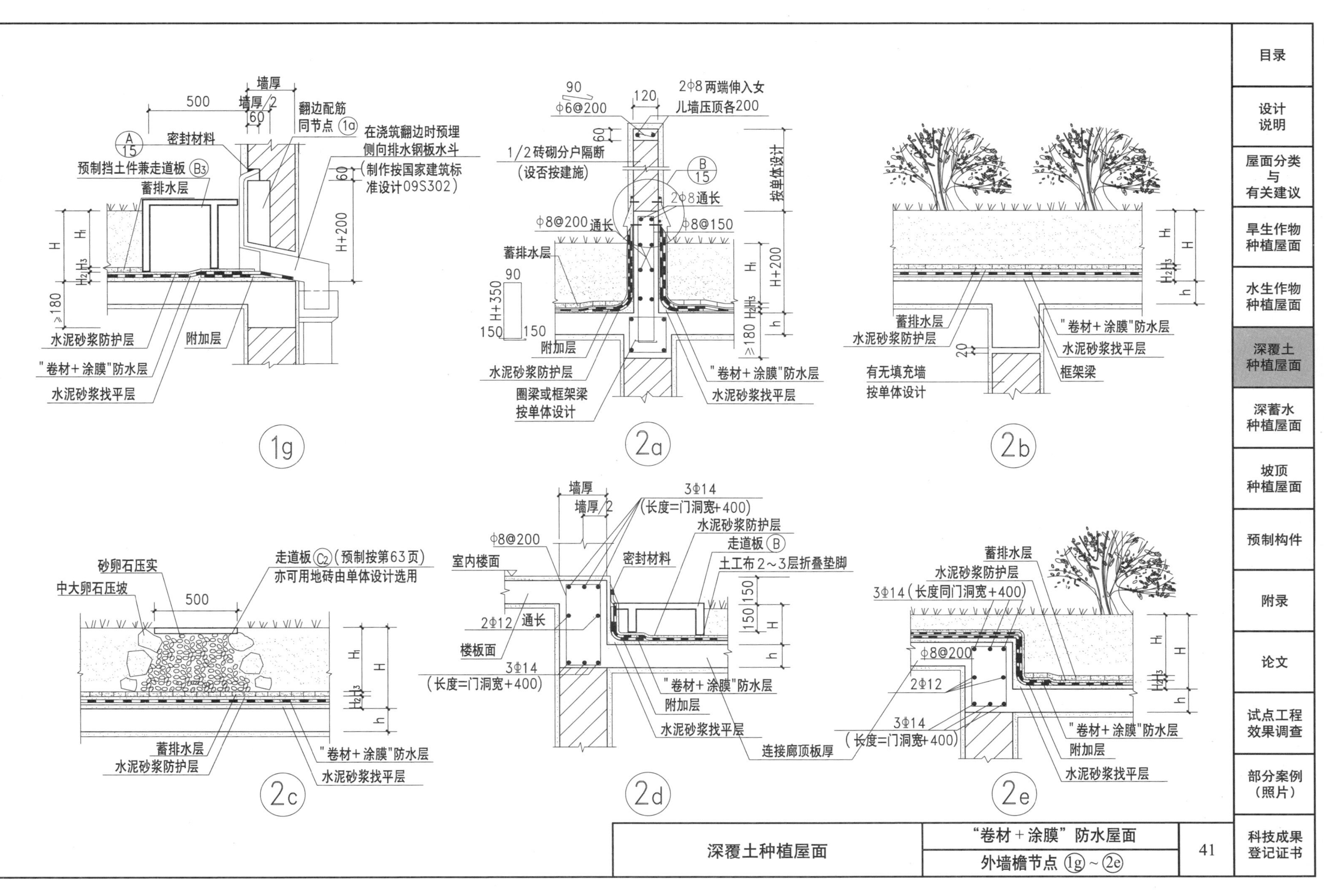

深覆土种植屋面	"卷材+涂膜"防水屋面 外墙檐节点 1g ~ 2e	41

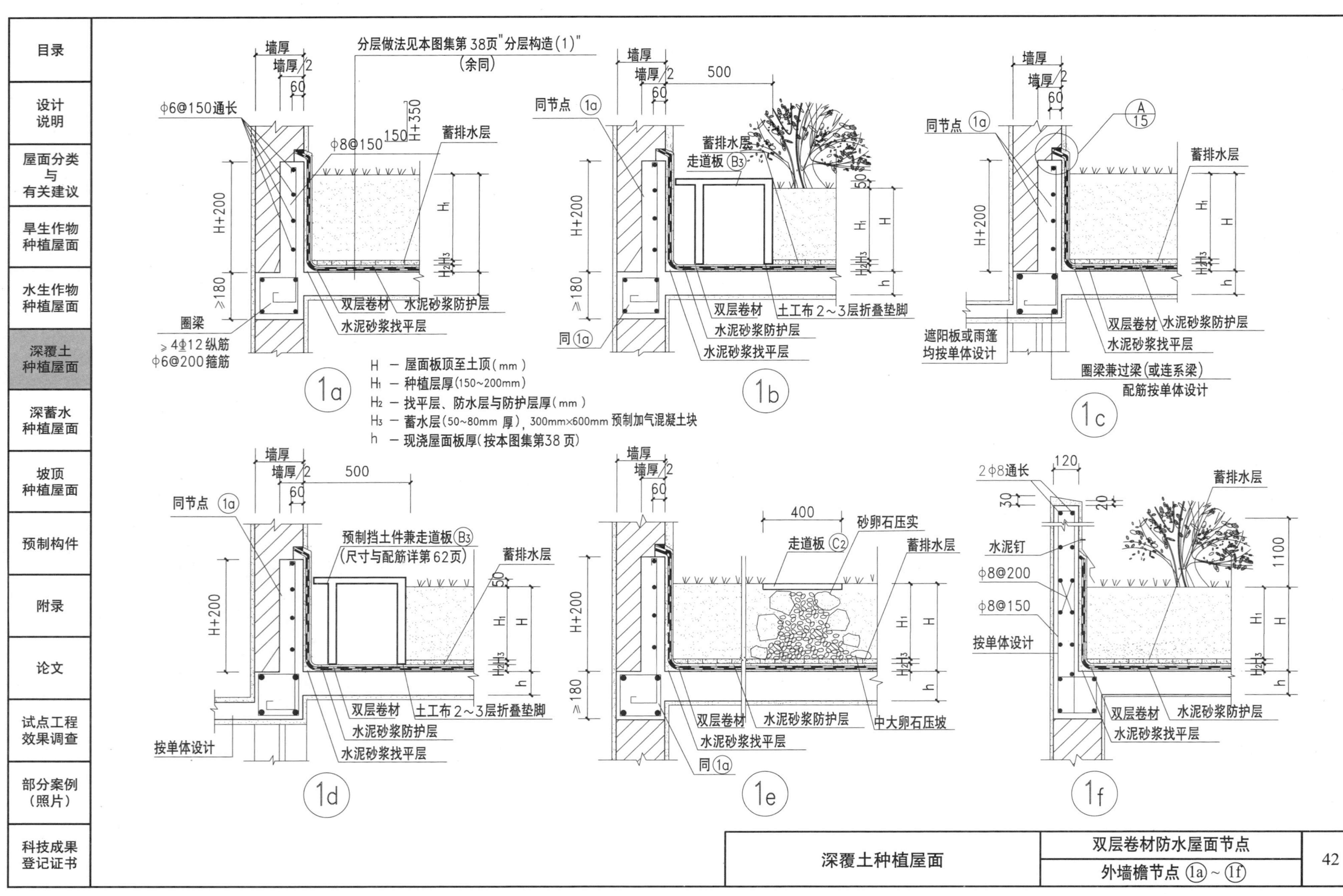

深覆土种植屋面	双层卷材防水屋面节点	42
	外墙檐节点 1a ~ 1f	

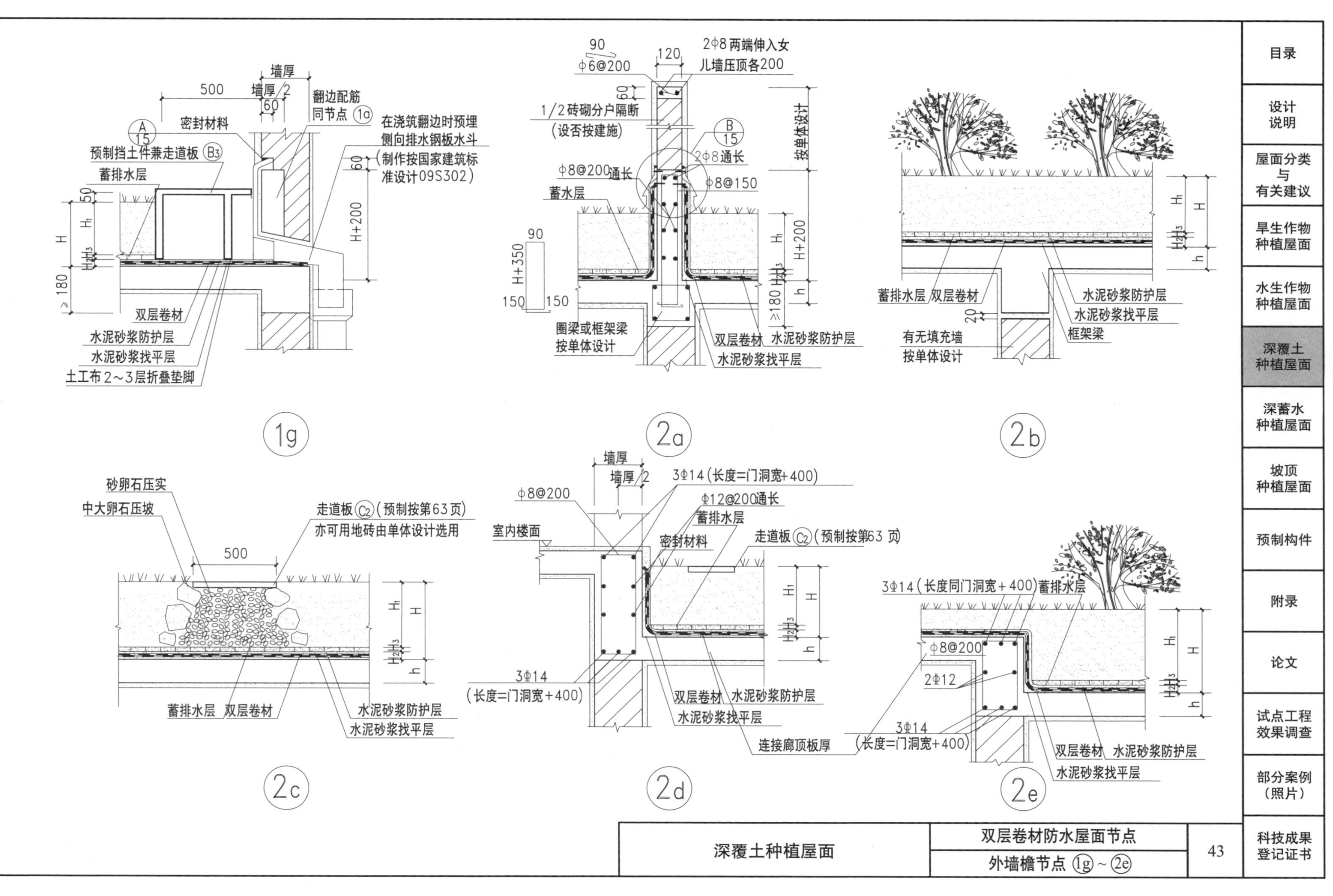

墙厚
500
墙厚/2
60
翻边配筋
同节点 1a
A 15
密封材料
在浇筑翻边时预埋
侧向排水钢板水斗
(制作按国家建筑标
准设计09S302)
预制挡土件兼走道板 B3
蓄排水层
60
H+200
50
H
H1
H2 H3
≥180
双层卷材
水泥砂浆防护层
水泥砂浆找平层
土工布2～3层折叠垫脚
1g
90
120
2Φ8两端伸入女
儿墙压顶各200
Φ6@200
60
1/2砖砌分户隔断
(设否按建施)
按单体设计
B 15
Φ8@200通长
2Φ8通长
Φ8@150
蓄水层
90
H+350
150
150
H1
H+200
H2 H3
h
≥180
圈梁或框架梁
按单体设计
双层卷材
水泥砂浆防护层
水泥砂浆找平层
2a
H1
H
H2 H3
h
蓄排水层
双层卷材
水泥砂浆防护层
水泥砂浆找平层
20
有无填充墙
按单体设计
框架梁
2b
砂卵石压实
中大卵石压坡
走道板 C2 (预制按第63页)
亦可用地砖由单体设计选用
500
H1
H
H2 H3
h
蓄排水层
双层卷材
水泥砂浆防护层
水泥砂浆找平层
2c
墙厚
墙厚/2
3Φ14(长度=门洞宽+400)
Φ8@200
Φ12@200通长
蓄排水层
室内楼面
密封材料
走道板 C2 (预制按第63 页)
H1
H
H2 H3
h
3Φ14
(长度=门洞宽+400)
双层卷材
水泥砂浆防护层
水泥砂浆找平层
连接廊顶板厚
2d
3Φ14(长度同门洞宽+400)
蓄排水层
Φ8@200
2Φ12
3Φ14
(长度=门洞宽+400)
H1
H
H2 H3
h
双层卷材
水泥砂浆防护层
水泥砂浆找平层
2e
目录
设计说明
屋面分类与有关建议
旱生作物种植屋面
水生作物种植屋面
深覆土种植屋面
深蓄水种植屋面
坡顶种植屋面
预制构件
附录
论文
试点工程效果调查
部分案例(照片)
科技成果登记证书
深覆土种植屋面
双层卷材防水屋面节点
外墙檐节点 1g ~ 2e
43

深蓄水种植（养殖）屋面分层做法

1. 适用：现浇钢筋混凝土结构自防水平屋面
2. 结构找坡：0 ~1%
3. 屋面一般分层构造

（1）双层卷材防水屋面：

- 种、养品种：由用户定。
- 水深：500mm 左右（或由用户按实际需要定）。
- 种植土：土层厚（及土质选用）由用户定。
- 防护层：25mm 厚 1∶2.5 水泥砂浆（掺微膨胀剂，内置编织钢筋网片一层，分格缝纵横间距 <6m，缝宽 20mm，嵌密封材料）。
- 隔离层：200g/m² 聚酯无纺布，或石油沥青卷材一层。
- 防水层：一层阻根型卷材置于普通卷材上方。
- 找平层：15mm 厚 1∶2.5 水泥砂浆（掺微膨胀剂）。
- 现浇钢筋混凝土结构自防水屋面：板厚≥150mm（具体尺寸与配筋均按单体设计），结构找坡，随捣随抹平。设计与施工要求应严格按本图集“设计说明”。

（2）“涂膜 + 卷材”防水屋面：

- 种、养品种：由用户定。
- 水深：500mm 左右（或由用户按实际需要定）。
- 种植土：土层厚（及土质选用）由用户定。
- 防护层：25mm 厚 1∶2.5 水泥砂浆（掺微膨胀剂，内置编织钢筋网片一层，分格缝纵横间距 <6m，缝宽 20mm，嵌密封材料）。
- 隔离层：200g/m² 聚酯无纺布，或石油沥青卷材一层。
- 防水层 2：阻根型卷材。
- 防水层 1：防水涂膜。
- 找平层：15mm 厚 1∶2.5 水泥砂浆（掺微膨胀剂）。
- 现浇钢筋混凝土结构自防水屋面：板厚≥150mm（具体尺寸与配筋均按单体设计），结构找坡，随捣随抹平。设计与施工要求应严格按本图集“设计说明”。

【注】

1. 阻根型卷材按本图集“设计说明”五.3.（1）选用。
2. 若属地下室顶板深覆土（蓄水）深 900mm 以上，顶板厚度宜 ⩾ 250mm。防护层应采用不小于 70mm 厚细石混凝土。
3. 荷载计算应考虑超载水深（一般比设计水深加大 50mm 左右）。

本例为某农场招待所深蓄水种植屋顶，分层做法按本图集第44页分层构造（1），节点详图见第46～48页。

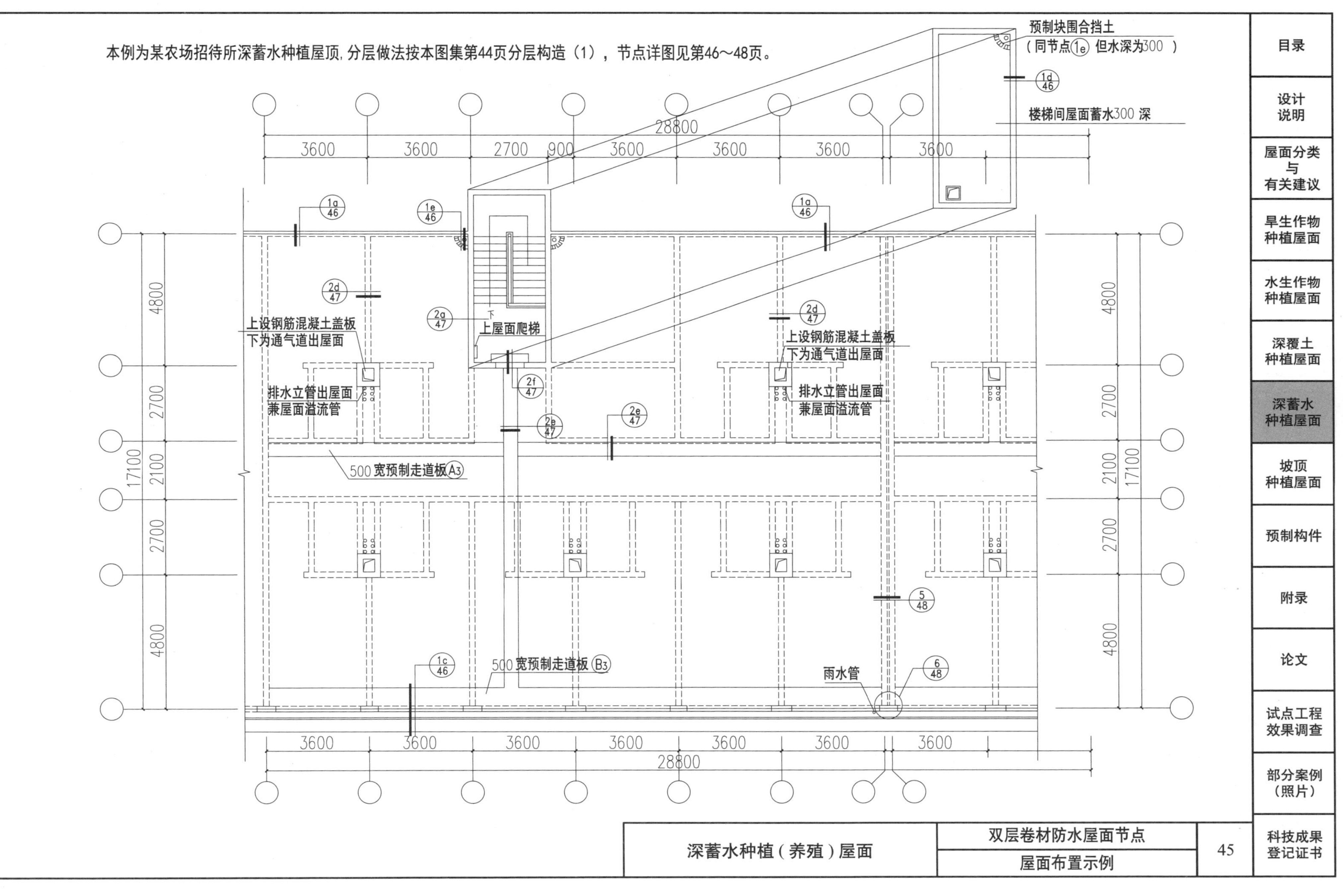

深蓄水种植（养殖）屋面	双层卷材防水屋面节点	45
	屋面布置示例	

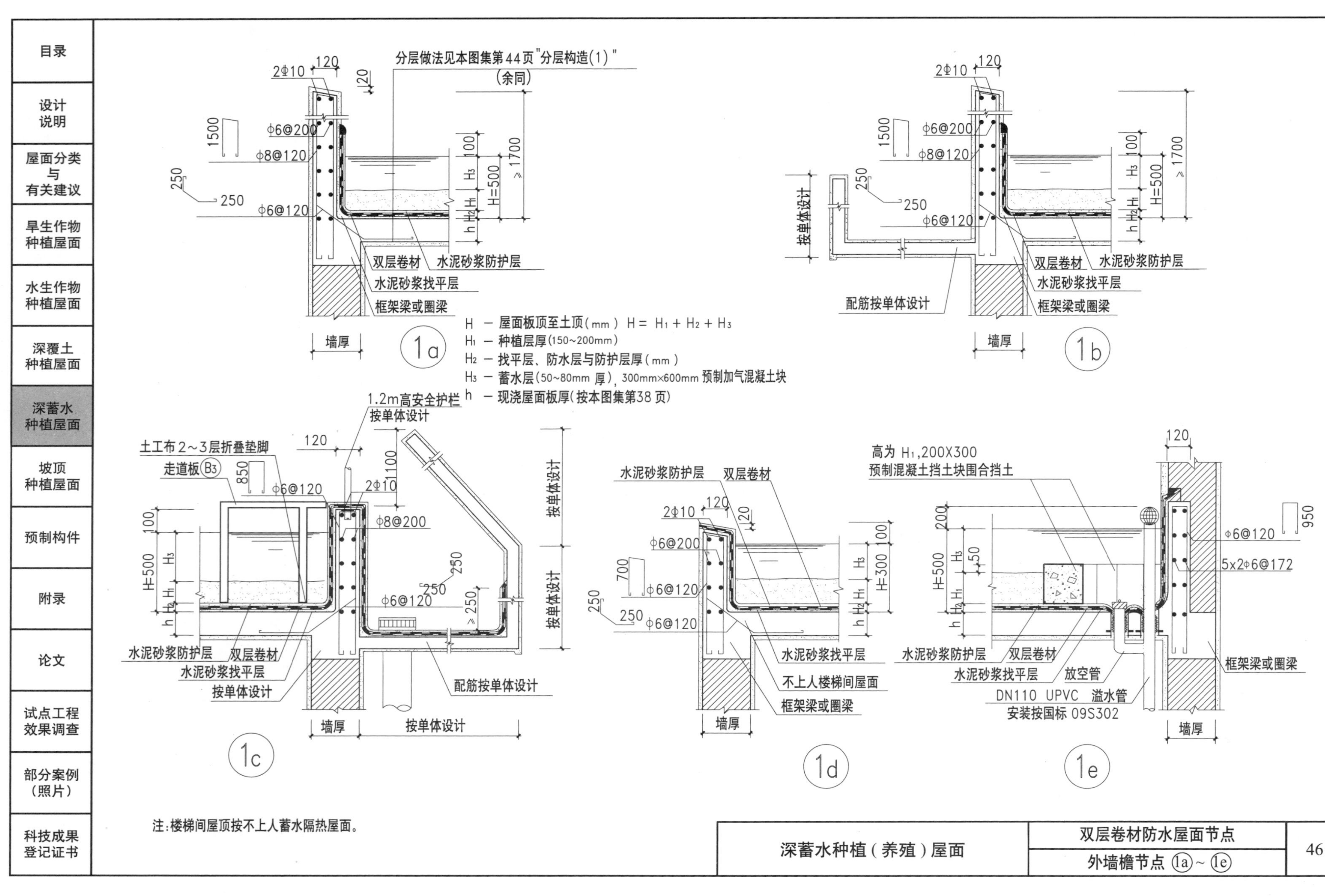

目录
设计说明
屋面分类与有关建议
旱生作物种植屋面
水生作物种植屋面
深覆土种植屋面
深蓄水种植屋面
坡顶种植屋面
预制构件
附录
论文
试点工程效果调查
部分案例（照片）
科技成果登记证书
分层做法见本图集第44页"分层构造(1)"（余同）
2Φ10
120
Φ6@200
Φ8@120
Φ6@120
1500
250
≥1700
H=500
双层卷材
水泥砂浆防护层
水泥砂浆找平层
框架梁或圈梁
墙厚
1a
H — 屋面板顶至土顶（mm） H = H1 + H2 + H3
H1 — 种植层厚(150~200mm)
H2 — 找平层、防水层与防护层厚（mm）
H3 — 蓄水层(50~80mm 厚)，300mm×600mm 预制加气混凝土块
h — 现浇屋面板厚(按本图集第38页)
按单体设计
配筋按单体设计
1b
1.2m高安全护栏 按单体设计
土工布2~3层折叠垫脚
走道板 B3
850
1100
Φ8@200
≥250
1c
H=300
700
不上人楼梯间屋面
1d
高为 H1,200X300 预制混凝土挡土块围合挡土
950
5x2Φ6@172
放空管
DN110 UPVC 溢水管 安装按国标 09S302
1e
注:楼梯间屋顶按不上人蓄水隔热屋面。
深蓄水种植(养殖)屋面
双层卷材防水屋面节点
外墙檐节点 1a ~ 1e
46

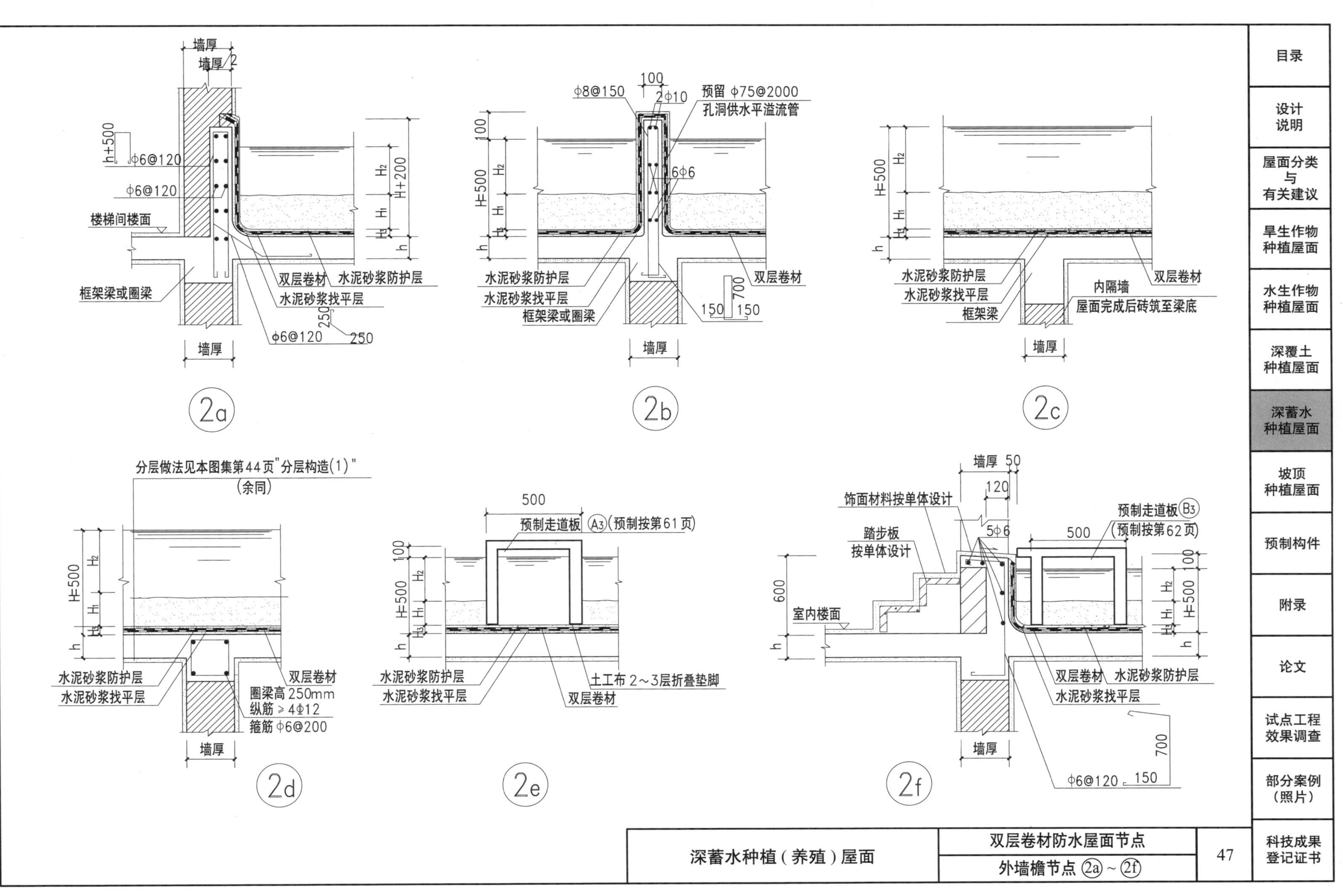

目录

设计说明

屋面分类与有关建议

旱生作物种植屋面

水生作物种植屋面

深覆土种植屋面

深蓄水种植屋面

坡顶种植屋面

预制构件

附录

论文

试点工程效果调查

部分案例（照片）

科技成果登记证书

深蓄水种植（养殖）屋面	双层卷材防水屋面节点	47
	外墙檐节点 2a ~ 2f	

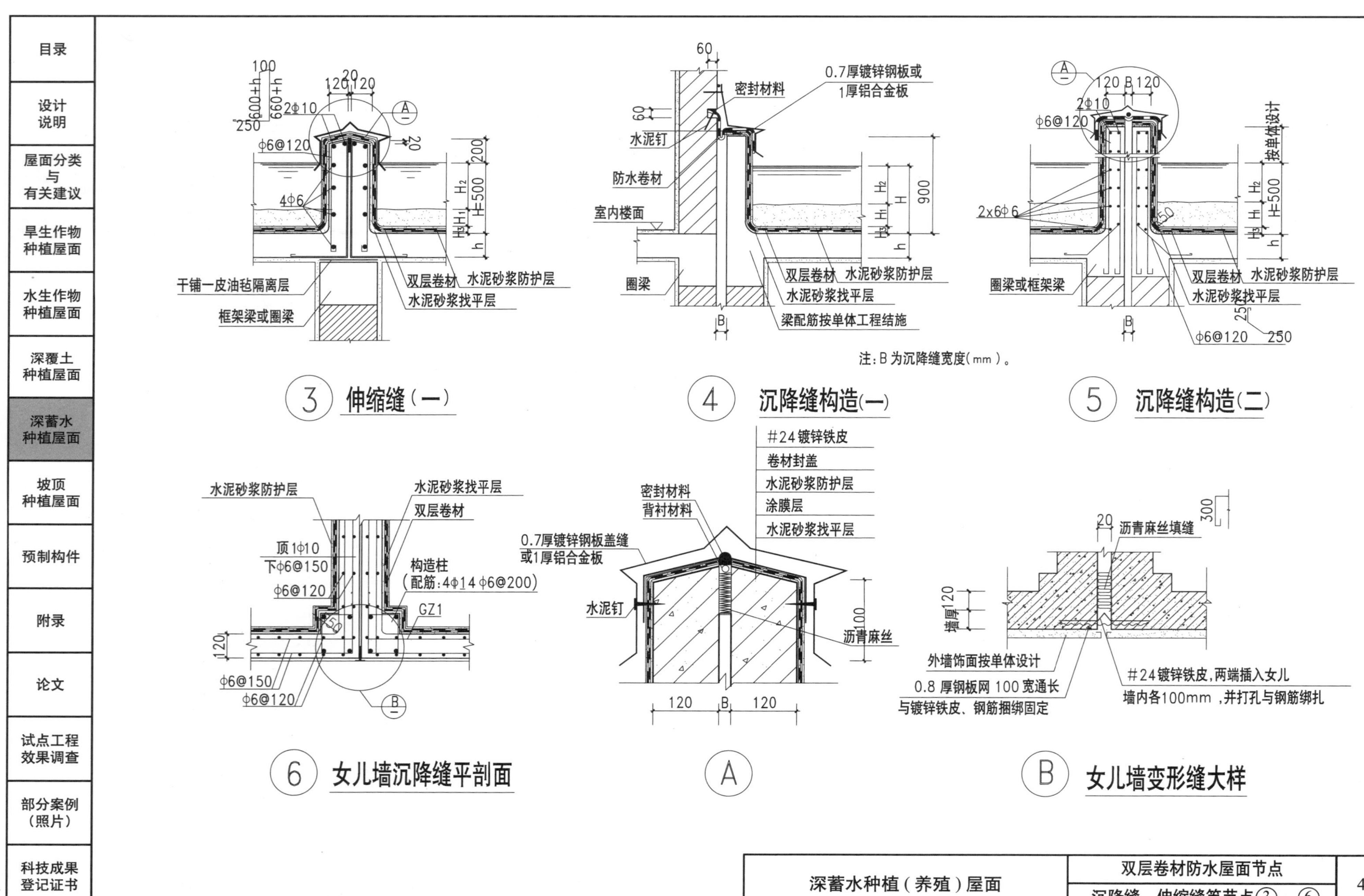

目录
设计说明
屋面分类与有关建议
旱生作物种植屋面
水生作物种植屋面
深覆土种植屋面
深蓄水种植屋面
坡顶种植屋面
预制构件
附录
论文
试点工程效果调查
部分案例（照片）
科技成果登记证书
干铺一皮油毡隔离层
框架梁或圈梁
双层卷材
水泥砂浆防护层
水泥砂浆找平层
3 伸缩缝（一）
0.7厚镀锌钢板或1厚铝合金板
密封材料
水泥钉
防水卷材
室内楼面
圈梁
梁配筋按单体工程结施
注：B为沉降缝宽度（mm）。
4 沉降缝构造(一)
按单体设计
圈梁或框架梁
5 沉降缝构造(二)
顶 1ϕ10
下ϕ6@150
ϕ6@120
构造柱
(配筋:4ϕ14 ϕ6@200)
GZ1
6 女儿墙沉降缝平剖面
#24镀锌铁皮
卷材封盖
涂膜层
密封材料
背衬材料
0.7厚镀锌钢板盖缝
或1厚铝合金板
沥青麻丝
A
沥青麻丝填缝
墙厚120
外墙饰面按单体设计
0.8 厚钢板网 100 宽通长
与镀锌铁皮、钢筋捆绑固定
#24镀锌铁皮，两端插入女儿
墙内各100mm ，并打孔与钢筋绑扎
B 女儿墙变形缝大样
深蓄水种植（养殖）屋面
双层卷材防水屋面节点
沉降缝、伸缩缝等节点③～⑥
48

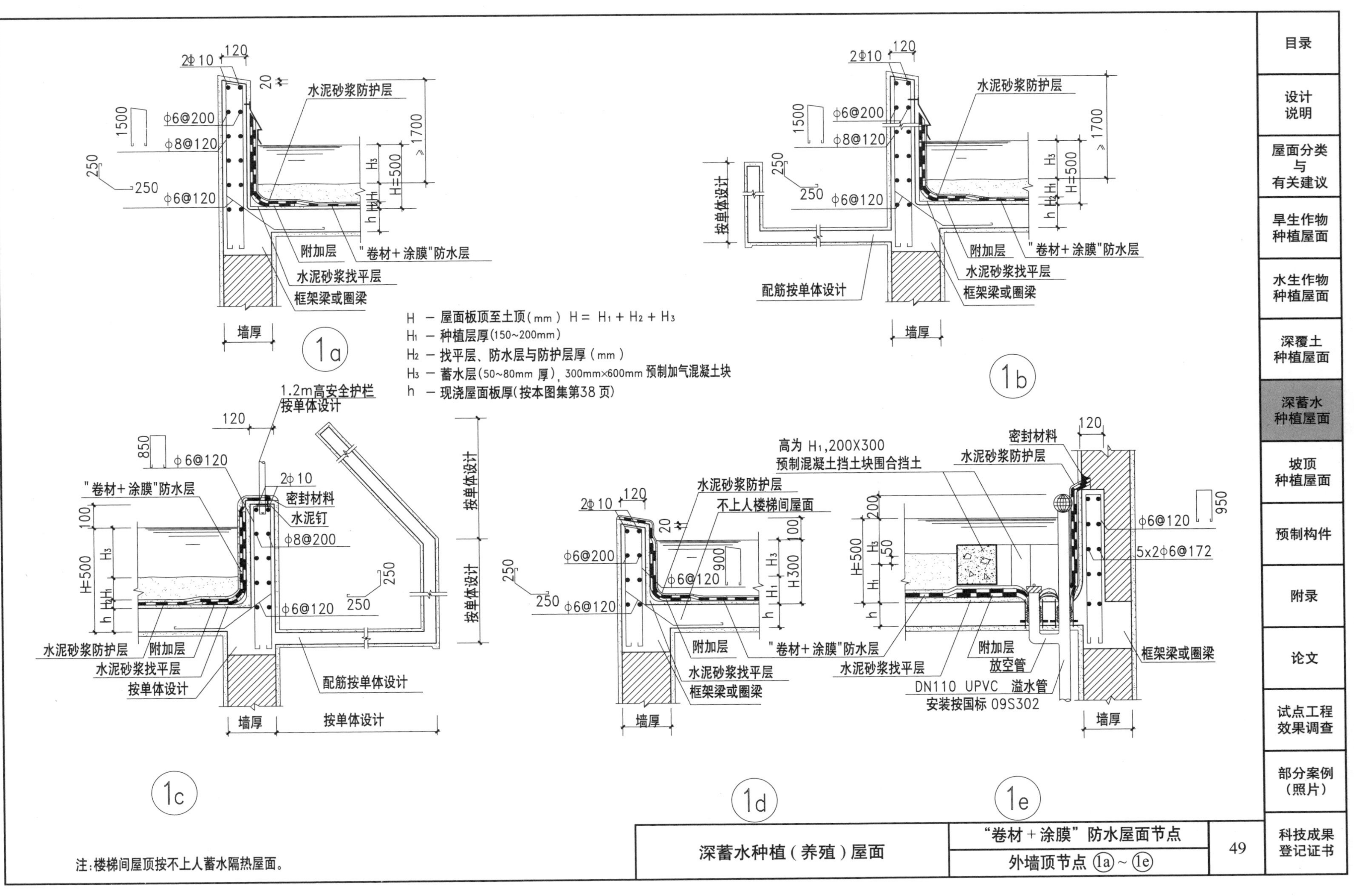

注:楼梯间屋顶按不上人蓄水隔热屋面。

深蓄水种植(养殖)屋面	"卷材+涂膜"防水屋面节点	49
	外墙顶节点 (1a)~(1e)	

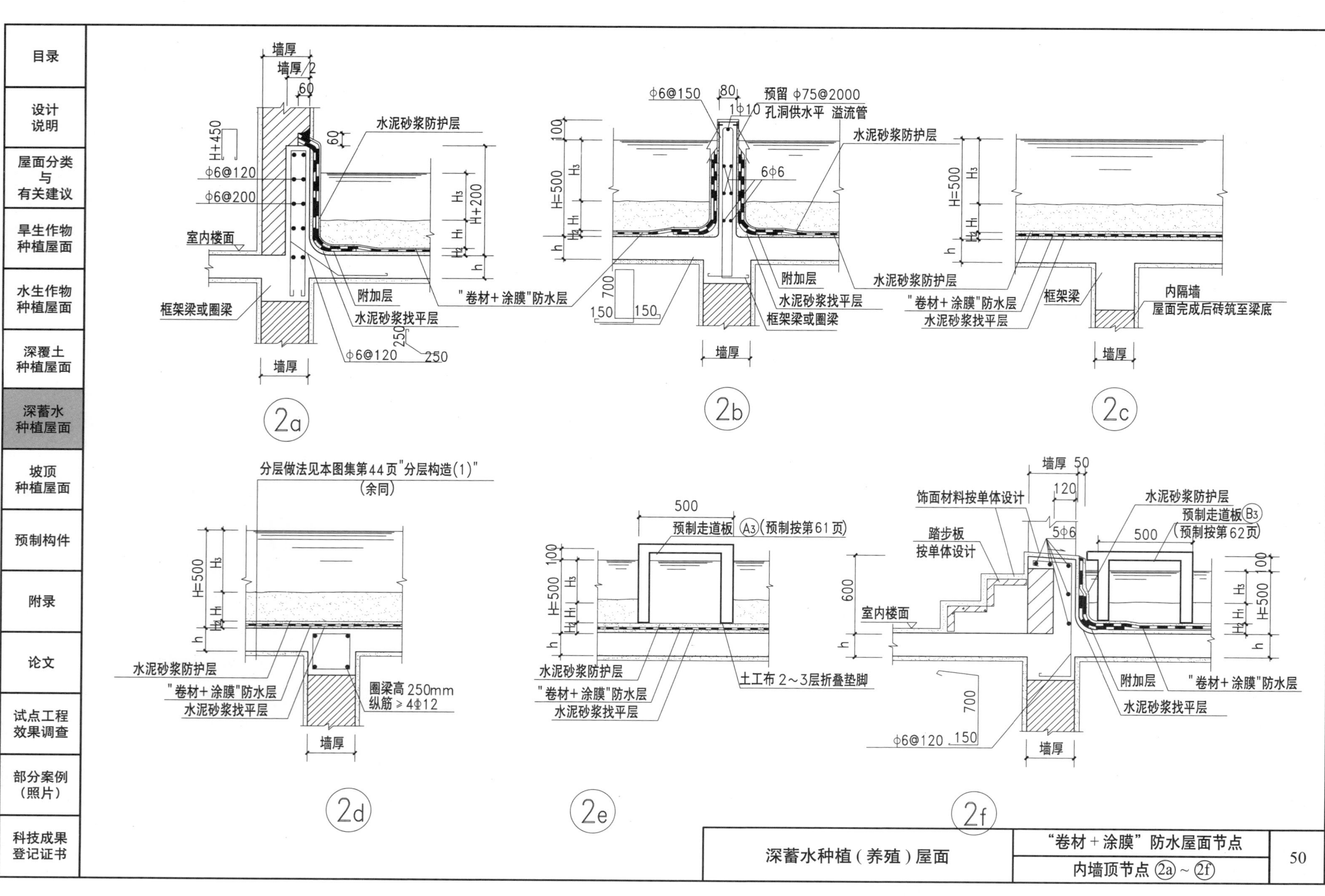
目录
设计说明
屋面分类与有关建议
旱生作物种植屋面
水生作物种植屋面
深覆土种植屋面
深蓄水种植屋面
坡顶种植屋面
预制构件
附录
论文
试点工程效果调查
部分案例（照片）
科技成果登记证书
墙厚
墙厚/2
60
H+450
ϕ6@120
ϕ6@200
室内楼面
框架梁或圈梁
水泥砂浆防护层
60
H₃
H+200
H₁
H₂
h
附加层
水泥砂浆找平层
"卷材+涂膜"防水层
250
ϕ6@120
250
2a
ϕ6@150
80
1ϕ10
预留 ϕ75@2000
孔洞供水平 溢流管
100
H=500
6ϕ6
700
150
150
附加层
水泥砂浆找平层
框架梁或圈梁
2b
水泥砂浆防护层
"卷材+涂膜"防水层
水泥砂浆找平层
框架梁
内隔墙
屋面完成后砖筑至梁底
2c
分层做法见本图集第44页"分层构造(1)"
(余同)
水泥砂浆防护层
"卷材+涂膜"防水层
水泥砂浆找平层
圈梁高 250mm
纵筋 ≥ 4ϕ12
2d
500
预制走道板 A3 (预制按第61页)
水泥砂浆防护层
"卷材+涂膜"防水层
水泥砂浆找平层
土工布 2～3层折叠垫脚
2e
墙厚 50
120
饰面材料按单体设计
踏步板
按单体设计
5ϕ6
600
室内楼面
水泥砂浆防护层
预制走道板 B3
(预制按第62页)
500
附加层
"卷材+涂膜"防水层
水泥砂浆找平层
700
ϕ6@120
150
2f
深蓄水种植（养殖）屋面
"卷材+涂膜"防水屋面节点
内墙顶节点 2a ~ 2f
50

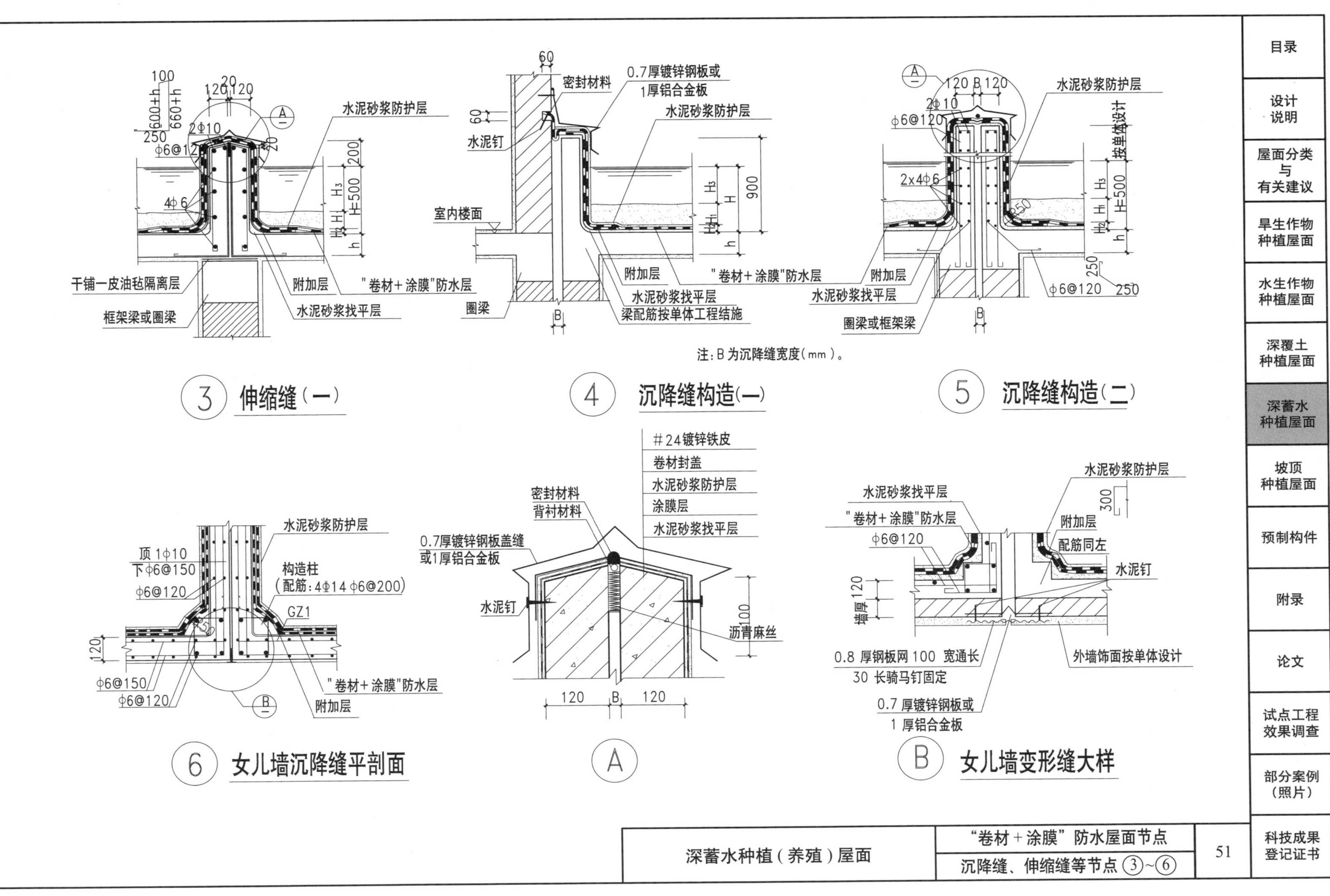
水泥砂浆防护层
干铺一皮油毡隔离层
框架梁或圈梁
附加层
"卷材+涂膜"防水层
水泥砂浆找平层
密封材料
0.7厚镀锌钢板或
1厚铝合金板
水泥钉
室内楼面
圈梁
梁配筋按单体工程结施
按单体设计
圈梁或框架梁
注:B为沉降缝宽度(mm)。
3 伸缩缝(一)
4 沉降缝构造(一)
5 沉降缝构造(二)
#24镀锌铁皮
卷材封盖
涂膜层
背衬材料
0.7厚镀锌钢板盖缝
或1厚铝合金板
沥青麻丝
顶 1φ10
下φ6@150
构造柱
(配筋:4φ14 φ6@200)
GZ1
配筋同左
墙厚
0.8 厚钢板网 100 宽通长
30 长骑马钉固定
0.7 厚镀锌钢板或
1 厚铝合金板
外墙饰面按单体设计
6 女儿墙沉降缝平剖面
A
B 女儿墙变形缝大样

坡顶种植屋面节点设计说明

按《种植屋面工程技术规程》JGJ 155—2013，坡顶种植屋面按屋面坡度分三类：

1. 屋面坡度＜ 10%：此类坡顶覆土种植可参照一般平屋面做法。
2. 10%≤屋面坡度≤ 20%：属缓坡屋面（本图集列出供单体设计参照选用的“屋面布置示例”与“屋面节点图”）。
3. 屋面坡度 >20%：属陡坡，当种植屋面采用满铺土种植，一般坡度宜＜ 40%，并应设置防滑构造。按坡顶尺度，可选用以下两种型式：

（1）当坡顶尺度不大（如坡顶民居、小型公建等），可采用：

阶梯式种植

（本图集即按此型式设计相关节点。分层构造见右）

（2）当坡顶尺度较大，宜选台阶式：

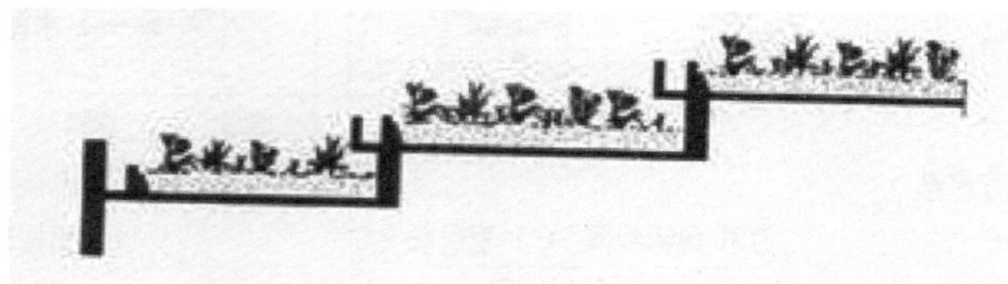

台阶式种植

此坡顶相当于由一组不同标高的平顶组成（各台阶短向排水坡 0~1%），各台阶平顶相关的节点设计可参照本图集“一般平顶种植屋面分层做法”。

（1） 双层卷材防水屋面：

- 农作物：由用户定。
- 种植土：土厚 150~200mm。
- 防护层：25mm 厚 1 : 2 .5 水泥砂浆（掺微膨胀剂，内置编织钢筋网片一层，分格缝纵横间距 <6m，缝宽 20mm，嵌密封材料）。
- 隔离层：200g/m² 聚酯无纺布，或石油沥青卷材一层。
- 防水层：一层阻根型卷材置于普通卷材上方。
- 找平层：15mm 厚 1 : 2.5 水泥砂浆（掺微膨胀剂）。
- 现浇钢筋混凝土结构自防水顶板：随捣随抹平（设计与施工要点均应严格按本图集“设计说明”）。

（2）“卷材＋涂膜”防水屋面：

- 农作物：由用户定。
- 种植土：土厚 150~200mm。
- 防护层：25 mm 厚 1 : 2 .5 水泥砂浆（掺微膨胀剂，内置编织钢筋网片一层，分格缝纵横间距 <6m，缝宽 20mm，嵌密封材料）。
- 隔离层：200g/m² 聚酯无纺布，或石油沥青卷材一层。
- 防水层 2：阻根型卷材。
- 防水层 1：防水涂膜。
- 找平层：15mm 厚 1 : 2.5 水泥砂浆（掺微膨胀剂）。
- 现浇钢筋混凝土结构自防水顶板（设计与施工要点同上）。

本例为某单位围墙内侧小车库坡顶，坡度10%种植屋面，缓坡外排水，分层做法与施工要求参照“坡顶种植屋面节点设计说明”本图集第52页的构造（1），屋面各节点参照本图集第55页的相关节点。

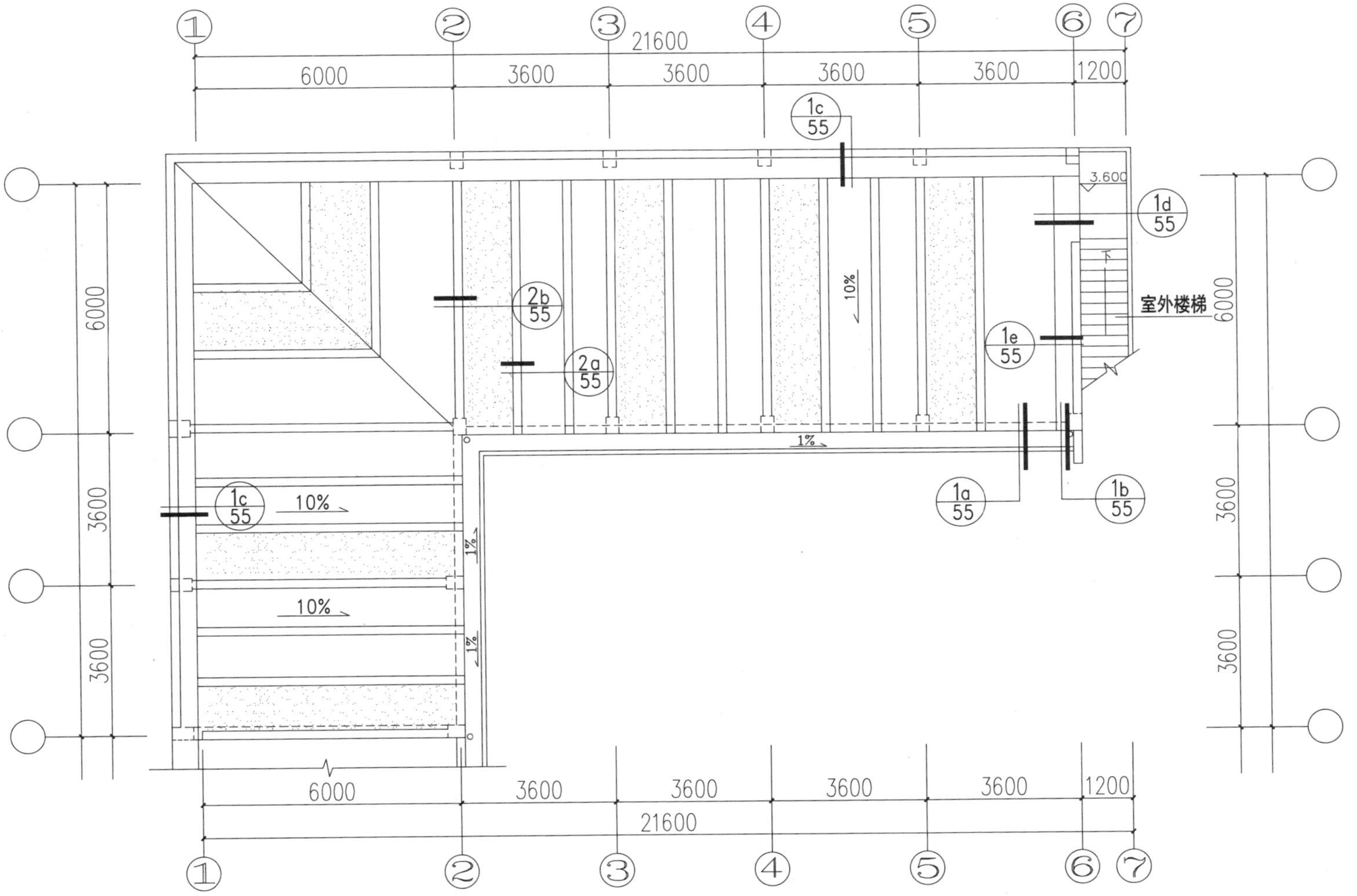

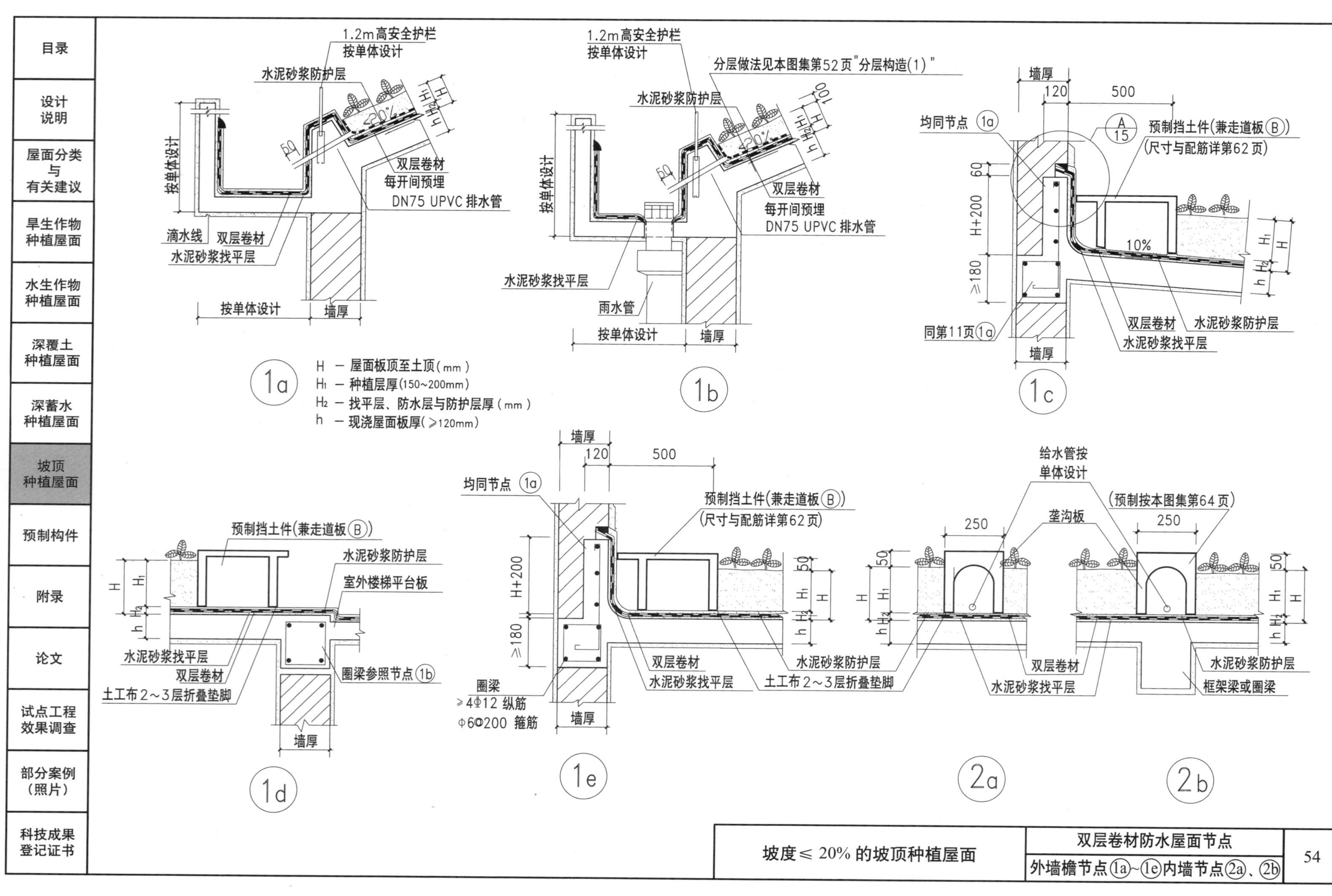

坡度≤ 20% 的坡顶种植屋面

双层卷材防水屋面节点

外墙檐节点1a~1e内墙节点2a、2b

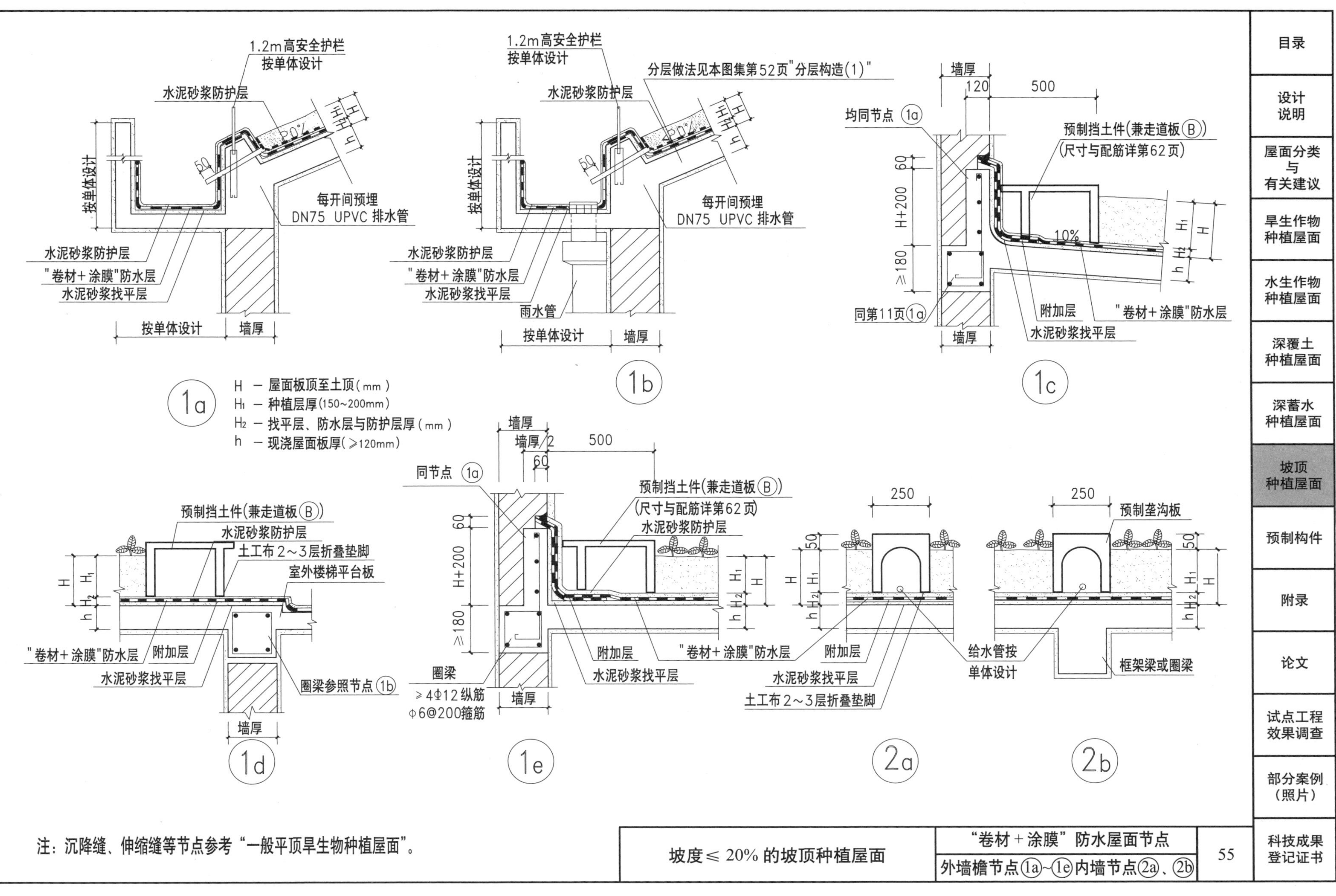

注：沉降缝、伸缩缝等节点参考“一般平顶旱生物种植屋面”。

坡度≤20%的坡顶种植屋面	“卷材＋涂膜”防水屋面节点 外墙檐节点1a~1e内墙节点2a、2b	55

本例为某村办公楼坡屋顶种植屋面，屋面为现浇钢筋混凝土结构自防水屋面，坡度40%，坡顶均设一道防滑件（兼走道板），西坡顶设一道走道板，内外排水兼设。分层做法参照“一般平顶旱生作物种植屋面”［按本图集第9页（1）］，各相关节点构造见本图集57～60页。

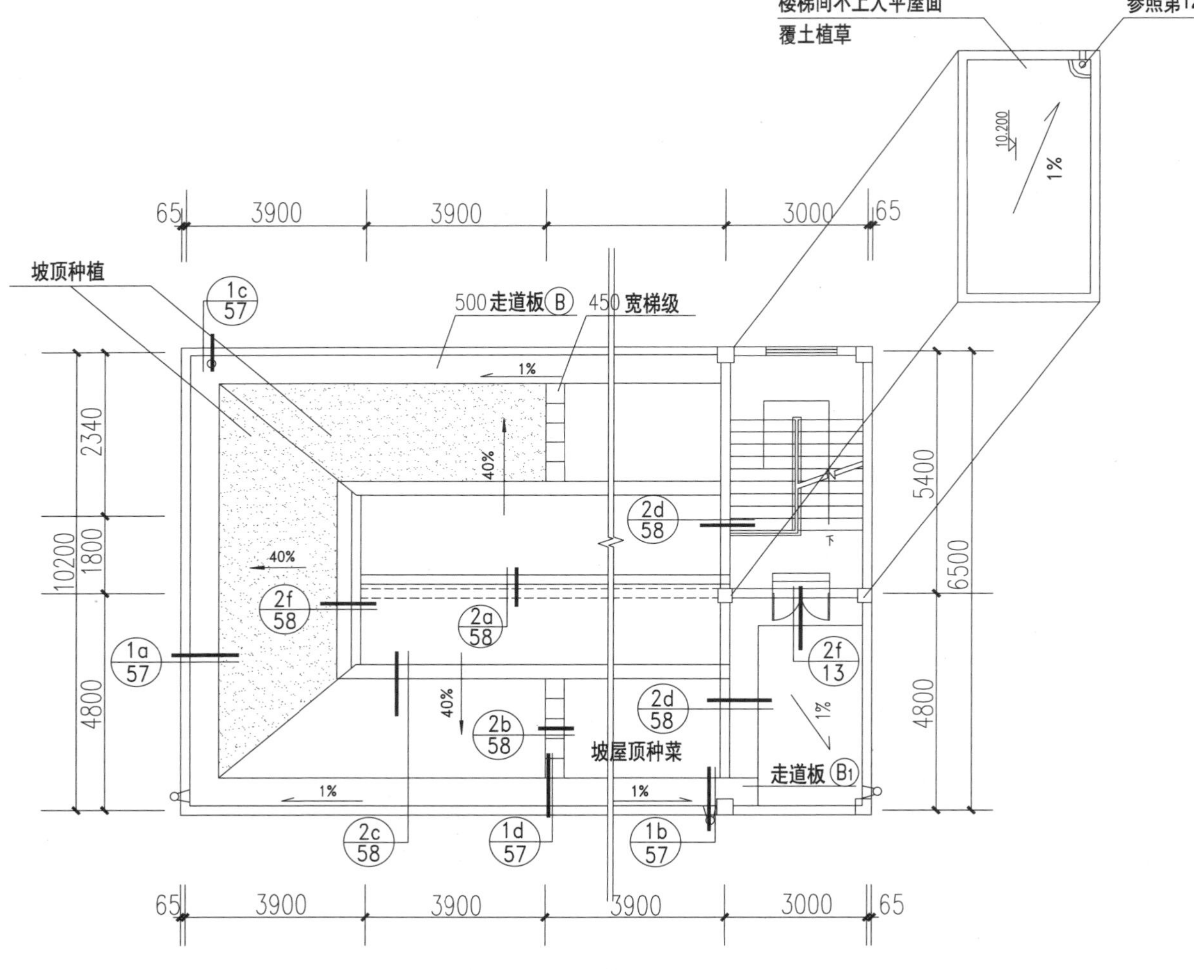

坡度＞20%的坡顶种植屋面	卷材防水屋面节点	56
	种植屋面布置示例	

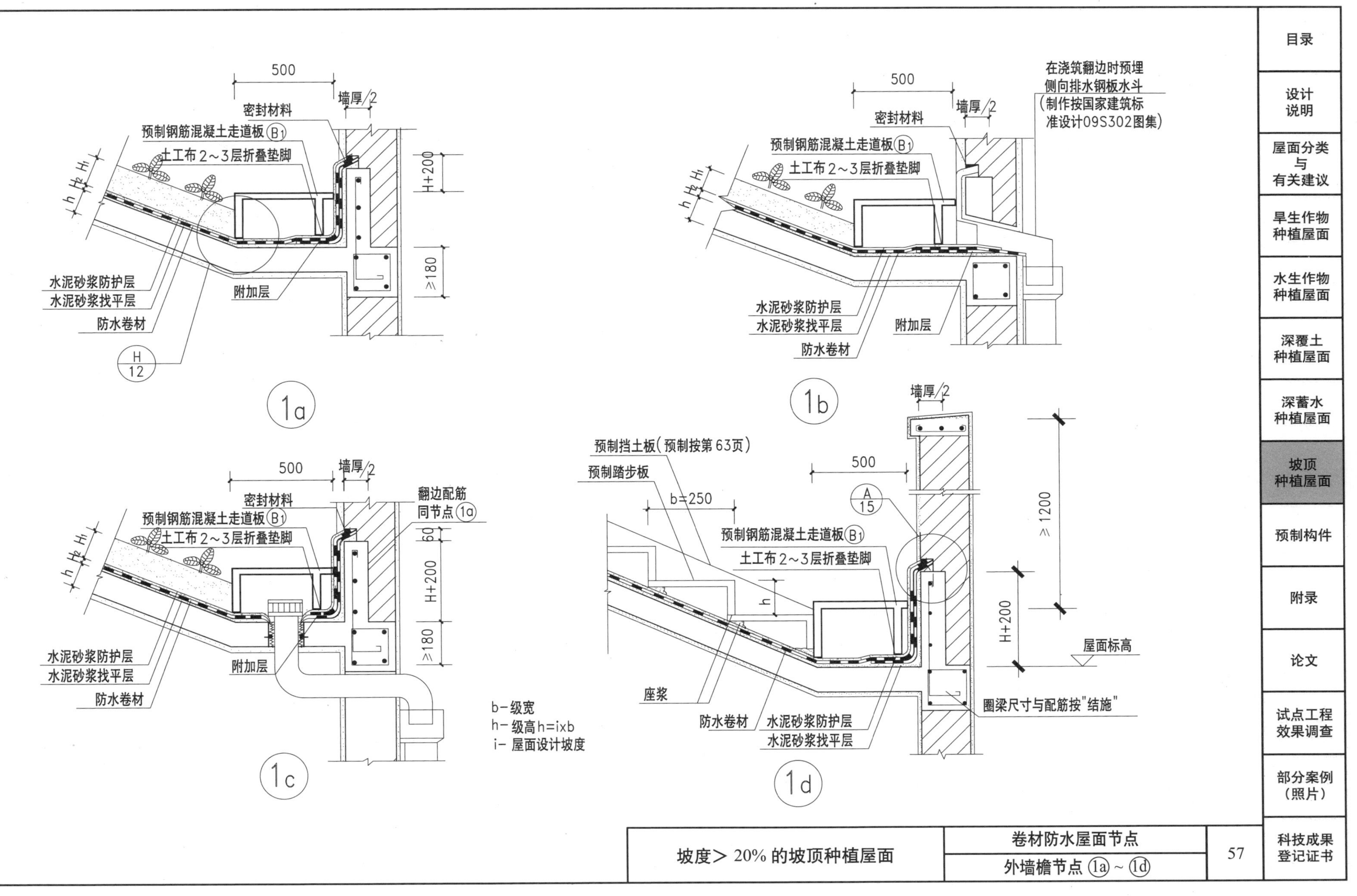

坡度＞20%的坡顶种植屋面	卷材防水屋面节点	57
	外墙檐节点 1a ～ 1d	

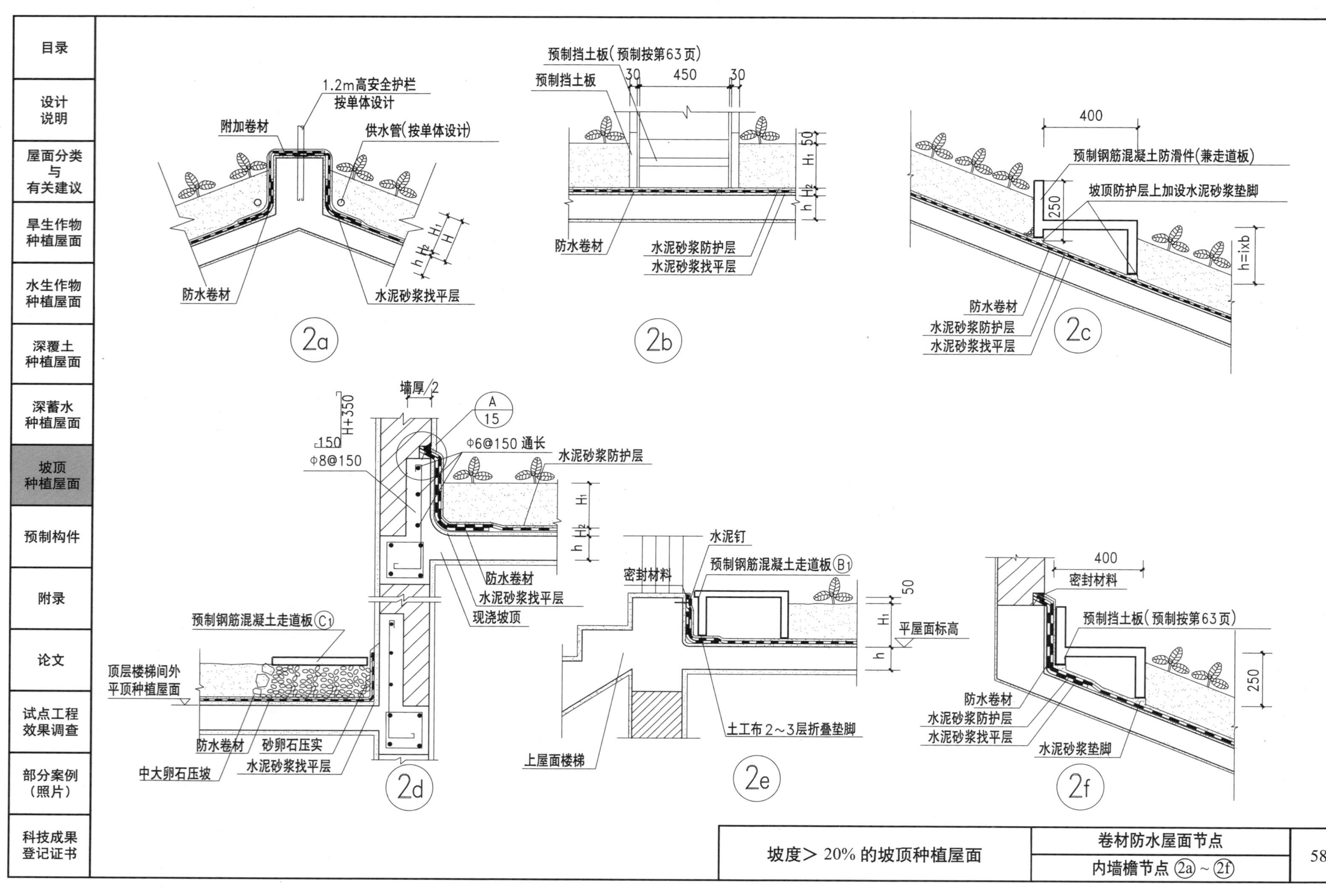
目录
设计说明
屋面分类与有关建议
旱生作物种植屋面
水生作物种植屋面
深覆土种植屋面
深蓄水种植屋面
坡顶种植屋面
预制构件
附录
论文
试点工程效果调查
部分案例（照片）
科技成果登记证书
1.2m高安全护栏
按单体设计
附加卷材
供水管(按单体设计)
防水卷材
水泥砂浆找平层
2a
预制挡土板(预制按第63页)
预制挡土板
30
450
30
50
防水卷材
水泥砂浆防护层
水泥砂浆找平层
2b
400
预制钢筋混凝土防滑件(兼走道板)
坡顶防护层上加设水泥砂浆垫脚
250
h=i×b
防水卷材
水泥砂浆防护层
水泥砂浆找平层
2c
墙厚/2
H+350
150
A
15
Φ8@150
Φ6@150 通长
水泥砂浆防护层
防水卷材
水泥砂浆找平层
现浇坡顶
预制钢筋混凝土走道板 C1
顶层楼梯间外平顶种植屋面
防水卷材
砂卵石压实
水泥砂浆找平层
中大卵石压坡
2d
水泥钉
密封材料
预制钢筋混凝土走道板 B1
50
平屋面标高
土工布2～3层折叠垫脚
上屋面楼梯
2e
400
密封材料
预制挡土板(预制按第63页)
250
防水卷材
水泥砂浆防护层
水泥砂浆找平层
水泥砂浆垫脚
2f
坡度＞20%的坡顶种植屋面
卷材防水屋面节点
内墙檐节点 2a～2f
58

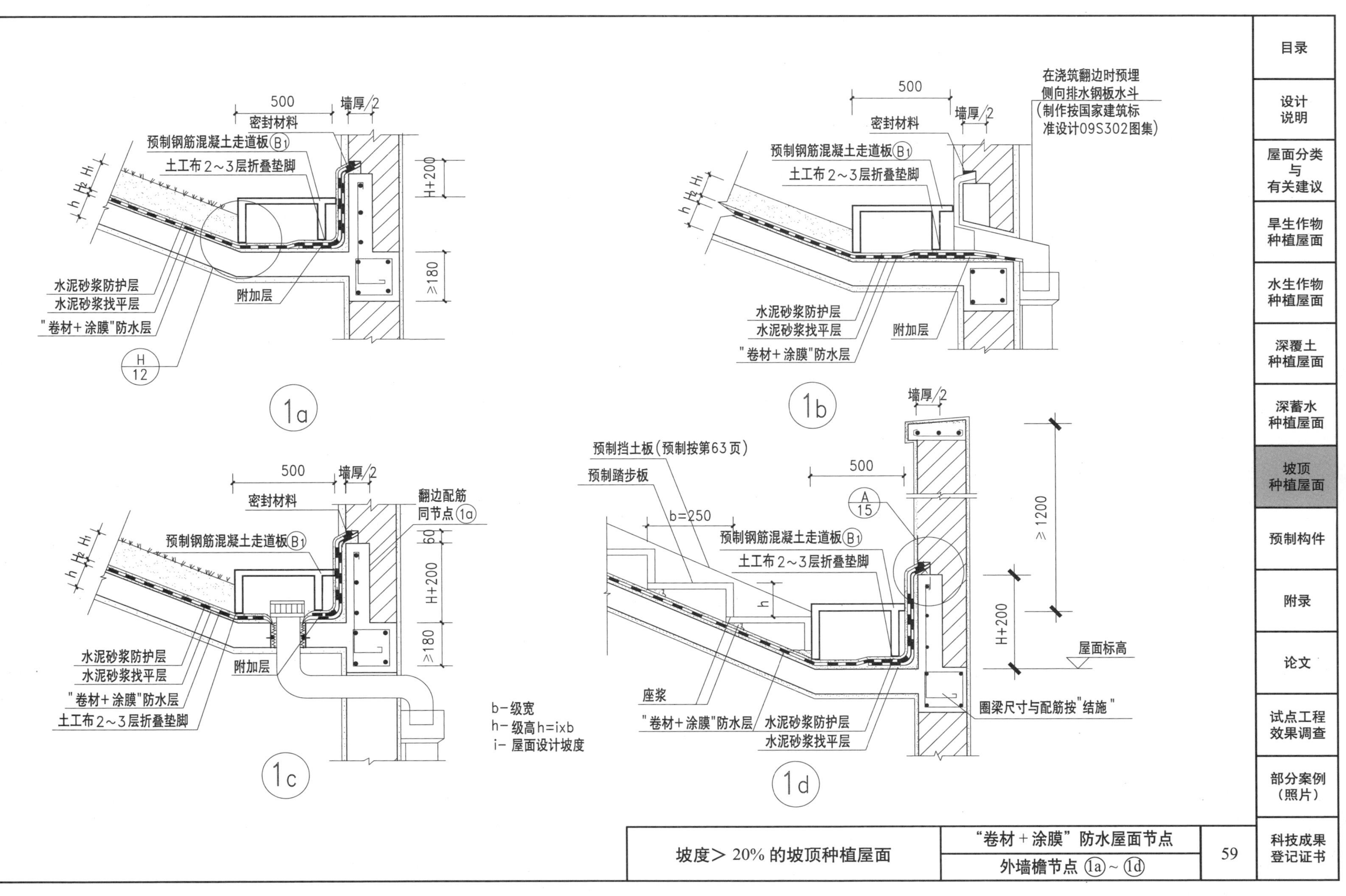

坡度＞20%的坡顶种植屋面	"卷材+涂膜"防水屋面节点	59
	外墙檐节点 (1a)～(1d)	

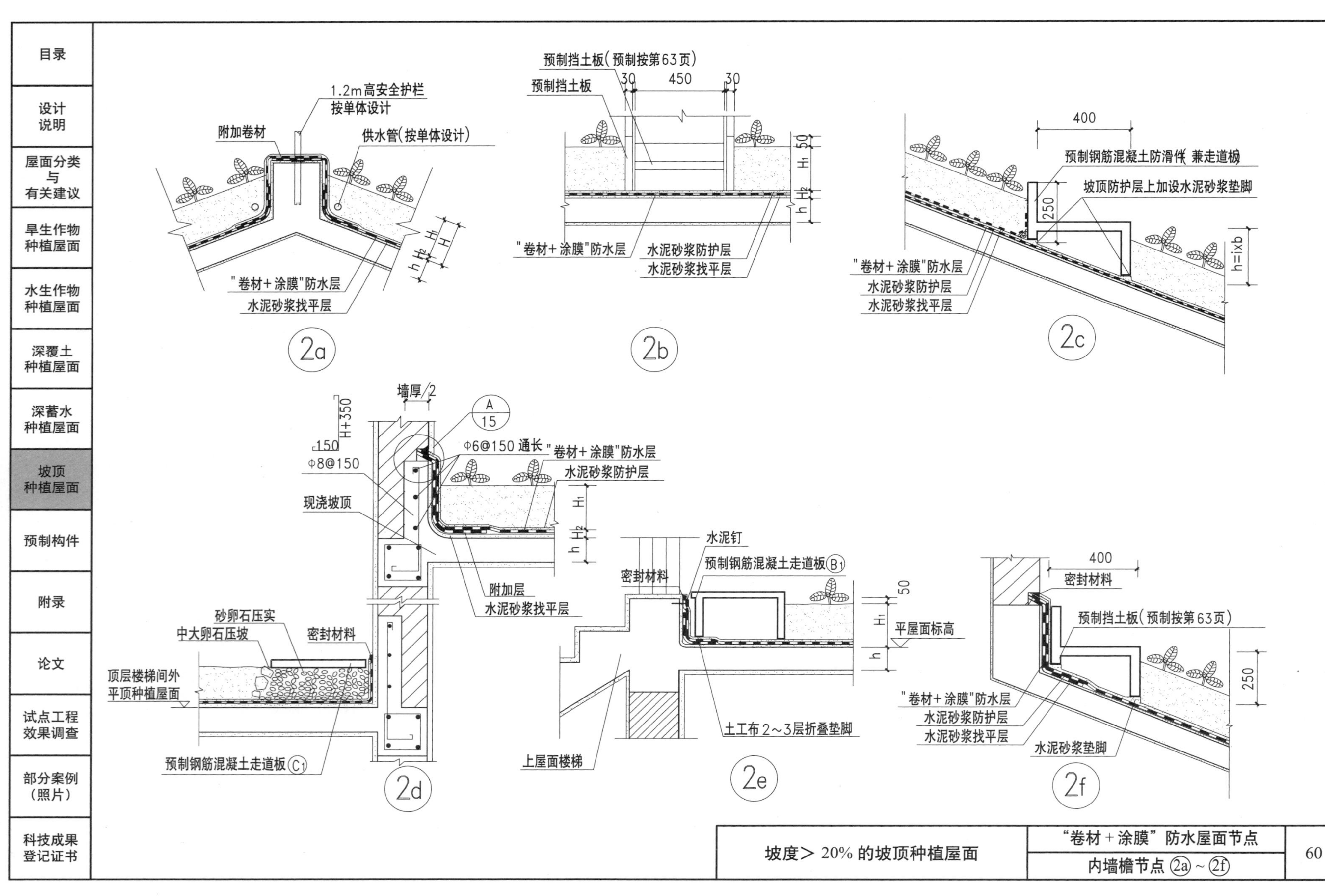

坡度＞20%的坡顶种植屋面

“卷材＋涂膜”防水屋面节点

内墙檐节点 ②a～②f

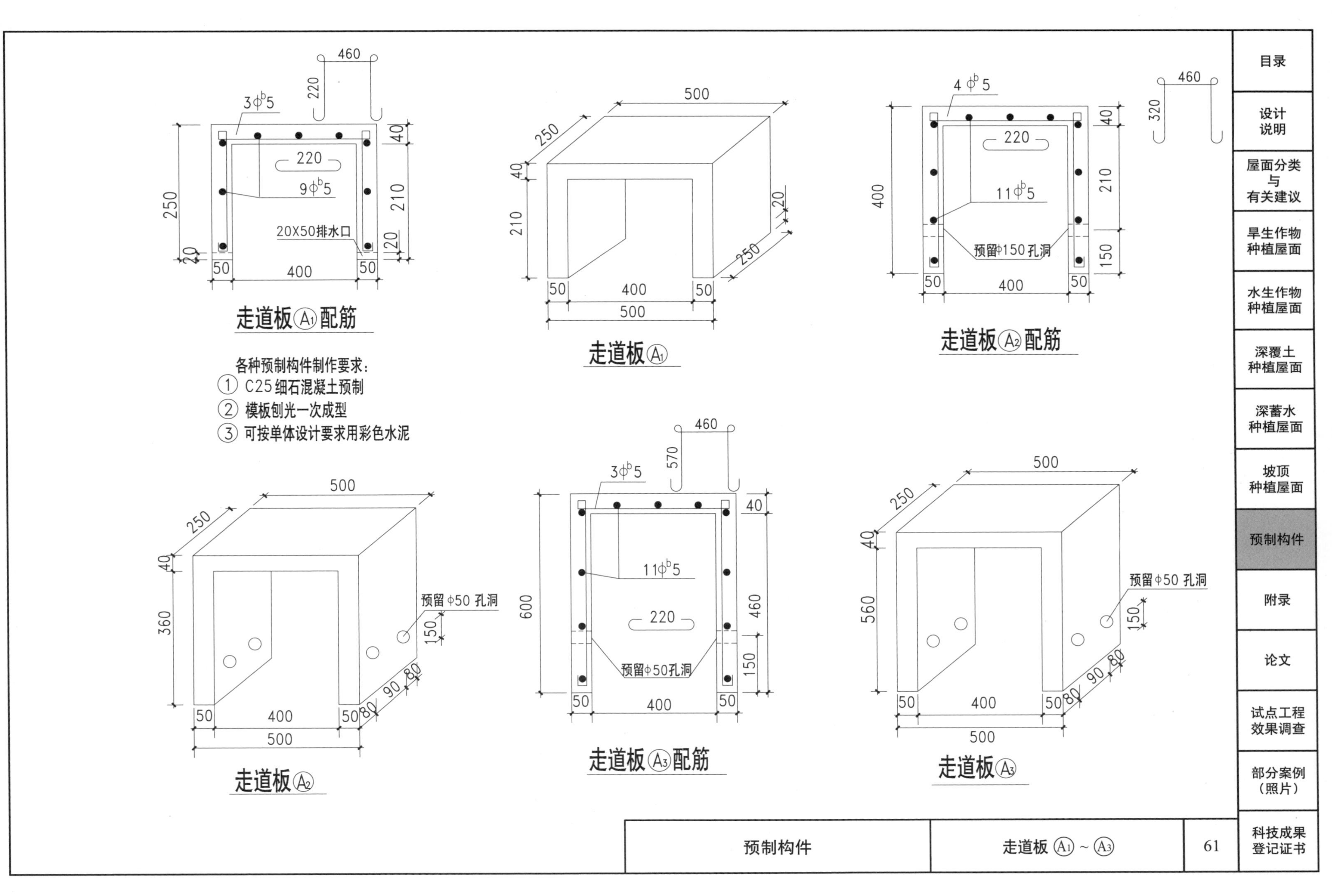
460
220
3ϕ^b5
220
9ϕ^b5
250
40
210
20
20X50排水口
50
400
50
走道板(A1)配筋
500
250
40
210
20
250
50
400
50
500
走道板(A1)
4ϕ^b5
460
320
220
11ϕ^b5
400
40
210
150
预留ϕ150孔洞
50
400
50
走道板(A2)配筋
各种预制构件制作要求：
① C25细石混凝土预制
② 模板刨光一次成型
③ 可按单体设计要求用彩色水泥
500
250
40
360
预留ϕ50孔洞
150
80
90
80
50
400
50
500
走道板(A2)
460
570
3ϕ^b5
40
11ϕ^b5
600
460
220
150
预留ϕ50孔洞
50
400
50
走道板(A3)配筋
500
250
40
560
预留ϕ50孔洞
150
80
90
80
50
400
50
500
走道板(A3)
目录
设计说明
屋面分类与有关建议
旱生作物种植屋面
水生作物种植屋面
深覆土种植屋面
深蓄水种植屋面
坡顶种植屋面
预制构件
附录
论文
试点工程效果调查
部分案例（照片）
科技成果登记证书
预制构件
走道板(A1)~(A3)
61

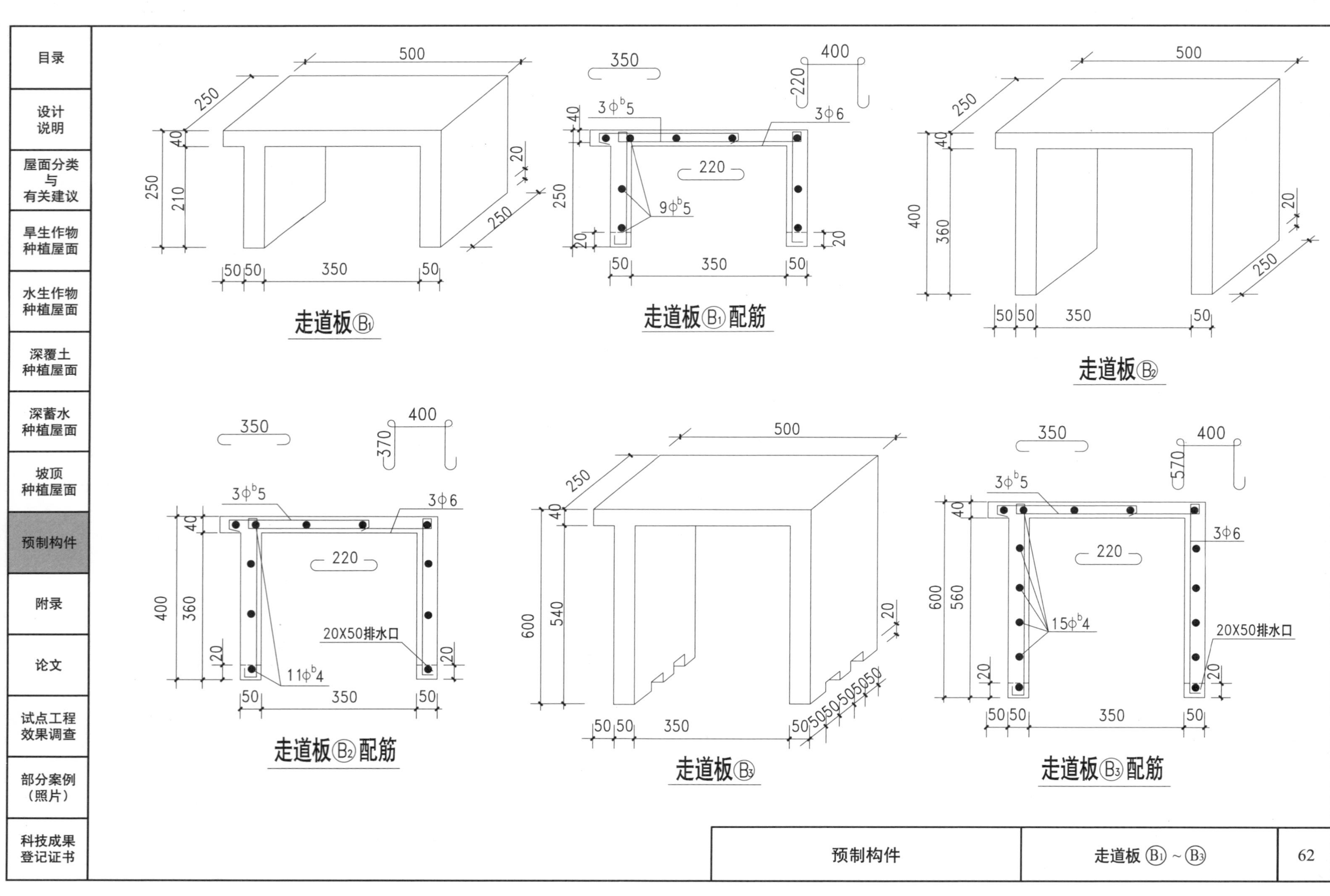

目录
设计说明
屋面分类与有关建议
旱生作物种植屋面
水生作物种植屋面
深覆土种植屋面
深蓄水种植屋面
坡顶种植屋面
预制构件
附录
论文
试点工程效果调查
部分案例（照片）
科技成果登记证书
走道板Ⓑ1
走道板Ⓑ1配筋
3φb5
3φ6
9φb5
220
走道板Ⓑ2
走道板Ⓑ2配筋
11φb4
20X50排水口
走道板Ⓑ3
走道板Ⓑ3配筋
15φb4
预制构件
走道板 Ⓑ1 ~ Ⓑ3
62

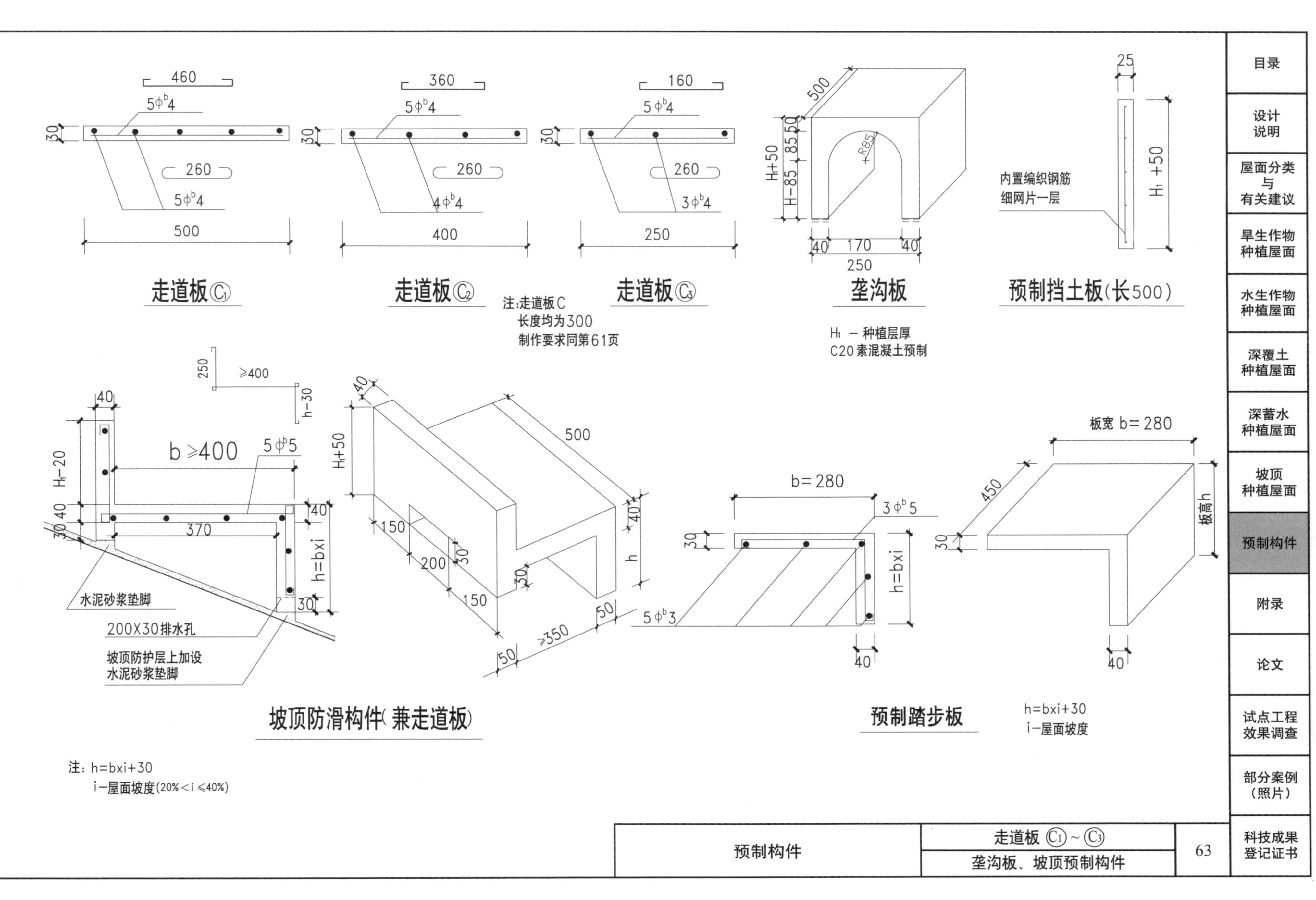

预制构件	走道板 C1～C3 垄沟板、坡顶预制构件	63

附录（一）　屋顶种植区荷载

农用种植屋面种植区荷载包括：农作物自重、种植层（土壤或其他轻质材料），以及走道板、垄沟板、供排水管等。由于不同农作物、不同材质种植层的重量均不相同，而且会随气温、湿度，以及作物生长情况而变化，以下表列数字仅供设计取值参考。

附表（一）　种植层土壤容重

土壤类型	土壤名称	设计荷重（kN / m²）土厚20cm	设计荷重（kN / m²）土厚50 cm	每 1 cm 土厚（kN / m²）	饱和湿容重（t/m³）
轻质土壤	泥炭土	1.6~2.0	4.0~5.0	0.08~0.10	0.80~1.00
	有机复合基质	1.6~2.2	4.0~5.5	0.08~0.11	0.80~1.10
自然耕作层土壤	菜园土	2.9~3.4	7.25~8.5	0:145~0.17	1.45~1.70
	粉沙土	2.9~3.5	7.25~8.75	0.145~0.175	1.45~1.75
	水稻土	3.0~3.6	7.5~9.0	0.15~0.18	1.50~1.80
	山地红	3.2~3.8	8.0~9.5	0.16~0.19	1.60~1.9
	沙壤土	3.6~4.0	9.0~10.0	0.18~0.20	1.80~2.0

注：1. 走道板、垄沟板、供排水管等自重按实际另计；
2. 当设计的种植层厚与表列数据不同，“设计荷重”按实际取值；
3. 当屋顶跨度较大时，应尽量选用轻质材料，并减小种植层厚；

附表（二）　农作物自重

农作物种类	设计荷重（kN /m²）
粮、油、蔬菜等作物	0.1~0.2
灌木型果树	0.3~0.4
乔性果树	0.6~1.2

附表（三）　水重

水深（mm）	设计荷重（kN /m²）	容重（t/m³）
300	3.0	1.0
500	5.0	1.0

4. 水生作物种植层荷重应按水、土二者荷重合计（其中水深应加 5cm 计荷重）；
5. 土壤“设计荷重”按其“湿重”：每厘米厚 0.08~0.20 kN/m²。

附录（二） 旧建筑屋顶实施农作物栽培应注意的事项

对任何旧建筑屋顶的改造必然涉及屋面防水效果与结构安全，因而当用户想收获“放心蔬菜”而自行对住宅屋顶实施“屋顶菜园”；或单位为改善生态环境兼获经济效益须对已使用若干年的旧建筑屋顶实施农作物栽培时，**均应注意以下事项**：

1. 实施屋顶农作物栽培仅限于建造质量较佳，并经对原设计进行认真复核后确认其结构承载能力允许的以下几类建筑：

（1）原已按一般种植屋面设计的各类中小跨度，层数不等的民用新建筑；

（2）原按植草屋面设计，并已实施多年且状况正常的民用旧建筑；

（3）平顶建筑使用若干年，经按一般上人种植屋面进行必要复核确认其结构承载能力允许，并在增强防水措施后可实施“平改绿”的各类中小跨度民用旧建筑。

2. 虽然屋顶实施农作物栽培对建筑物的坚固及防水性能等要求与一般绿化屋顶基本相同，但对用于经营开发性农作物栽培的建筑屋顶，其适应性还有以下几方面要求：

（1）为便于管理和相关物料搬运，必须设有直达屋面的楼梯间；

（2）必须安装较正规而便捷的屋顶灌溉与排水系统；

（3）在耕作区必须铺设较规整、数量足够且可兼作排水沟的人行走道；

（4）屋顶种植层应选轻质材料，深度除按所种作物的生长需要还应考虑结构承载能力；

（5）屋顶原卷材防水层上必须加一层耐根穿越卷材，再加刚性防护层，以避免其在松土与翻耕时受损；

（6）顶层外墙必须按上人屋面设置足够高度的女儿墙或护栏。

总之，**凡属旧建筑屋顶改造，首先必须由具备相应资质的设计单位复核原设计结构是否能承受新加的屋面荷载，以“结构鉴定报告”为设计依据。并研究加强屋面防水，设计屋顶灌溉、排水系统，出具合理可行的农用种植屋面建筑节点构造设计、材料选用说明，以及在屋顶实施农作物栽培的施工程序与技术要点等，以指导正确实施。**

附录（三）　种植（养殖）屋面维护

种植屋面除可形成良好的屋面自然生态，有效改善屋面隔热、保温与防渗性能外，还可作为资源，直接用于农、林业开发（按需要种植各类农作物，分别形成屋顶菜园、屋顶瓜果园、屋顶中草药基地、屋顶花卉与幼林苗圃，以及屋顶养殖场等）。

但鉴于种植屋面的效益与成败涉及较多方面因素，其结构的安全耐久性、隔热防水性能、种植效益与生态环境等，除取决于设计与施工质量外，还与整个使用期间的管理与维护直接相关。因而应充分重视以下几方面：

1. 种植（养殖）屋面的实施与验收均应强化对其实施程序与屋面施工质量的监督与检验（严格按本图集第 4 ～ 6 页的相关说明）。
2. 种植（养殖）屋面使用期间须始终注意以下几点：
   (1) 必须蓄水检验证实确无渗漏后方可实施统一铺土，铺填种植层材料必须事先配好，边倒边铺均匀、平整，**严禁在屋面集中堆放。**
   (2) 未经设计人员验算许可不得擅自增加屋顶土层厚度（或蓄水深度），也不得擅自改变覆土（蓄水）范围或增设原设计中未考虑的大型、深型种植槽（缸）、养鱼池等。（擅自加大屋顶荷重或导致荷重不均匀，均会影响结构安全与有损屋顶防渗漏性能。）
   (3) 松土、翻耕时，农具操作必须注意不能损伤屋面防水层。
   (4) 屋面修补时应先找准应修补的部位，且不得乱敲乱凿；如须耙开土层修补屋面，也必须注意不能损伤屋面防水层，并在修补后马上恢复覆土（蓄水）。否则会因屋面干裂导致更大范围渗漏。
   (5) 不要在种植土层上再任意堆放重物或搭建棚屋等，避免屋面超载影响屋顶结构安全与防水性能。
   (6) 不要在支撑种植屋面的墙体随意打凿孔洞（**过大振动与改变支承条件均会影响结构安全与屋面防水性能**）。
   (7) 直接在钢筋混凝土屋面上覆土的种植屋面施肥时，不宜使用人畜粪尿与含铵盐、碳酸盐或油脂成分的肥料（避免屋面混凝土受腐蚀，影响屋面防水层的耐久性）。
3. 种植（养殖）屋面供、排（蓄）水设施维护：
   (1) 建筑屋顶供、排水管一般宜紧贴屋顶排放（其上覆土或设于走道板下），凡裸露的供、排水管，在冬季室外温度低于摄氏零度地区，均应有防冻措施，以免冻裂。
   (2) 经常留意屋顶裸露的排水口拦污栅是否完好无阻，在秋、冬季尤应避免植物枯枝叶等堵塞排水口。
   (3) 凡用于培植水生作物（或用于养殖）的蓄水屋面，均须注意不要随意放空水（须短时放空时，宜保持土层的湿润状态），以免屋面干裂引起渗漏。
   (4) 凡未设隔热层，顶层用于居住或办公的建筑屋顶，如果夏季未种植物，屋顶蓄水深度不宜小于 30 厘米（高温季节须适当补水），否则不能满足顶层屋顶隔热要求 。
4. 屋顶树木防寒、防风：
   (1) 凡易受冻害的新栽树木，寒冬来临前应采取根际培土、主干包扎或设立风障等防寒措施。
   (2) 在风暴来临前，对高大乔木应及时加固或增设支撑。对迎风面过大的树冠应适当疏枝。风暴过后，应及时抢救扶正倒伏树木。

附录（四）　　**屋顶农作物种植指南**

屋顶农业：位于建筑顶面，四周凌空，完全脱离地气，与地下土壤无直接的水、肥、气交换，个体之间相对孤立，屋顶农业所占土地面积相对较小，土层浅薄，即使平时利用蓄积雨水作物能正常生长，也必须配备完整的人工灌溉系统。其栽培管理类似于容器栽培的农业，不适合大型机械操作，宜设计选用相对小型、轻巧的耕作机具，适于走微型农业现代化、自动化之路。

就目前而言，屋顶造地考虑屋顶荷载、安全与建筑成本等因素，一般种植层土厚控制在25厘米以内较为合适，可种植与居民日常生活关系最密切的蔬菜、粮食或水果等农作物。经较多实例验证：当土层厚在10～15厘米时种叶菜类作物一般会有不错的收成；当土层厚在20～25厘米时，大部分农作物都能生长良好，不会有生长方面的障碍；当土层厚达30厘米或以上时，不但可种植全部农作物，还可种植大部分灌木和小乔木类果树。

1. 一般平屋面旱生作物种植原则与管理要点

一般平顶屋面种植既可以是整个屋面以“女儿墙”为界，平铺种植土构成连片耕地或按需分片的种植池，或以砖或特制水泥预制构件分隔成条状菜畦，还可像在地面一样采用大棚设施栽培。

屋面平铺式旱生作物种植，以“蓄水型”畦垄式耕作更能保护屋面和便于种植与管理，如浙江，全年降水量在1700mm左右，且雨量在时间上分配相对均匀，蓄水层厚控制在8～12厘米时，全年基本不必再人工补水。为便于操作管理，畦面宽设置以80～100厘米为宜，畦间设供、排水沟，沟两侧布置挡土构件，沟顶应有盖板（防止阳光直射或温差引起屋面风化开裂），为方便施工，推荐采用预制∩形垄沟板（兼走道板）。用特制构件或工字形水泥砖、多孔砖等作蓄水层。走道板侧面及蓄水层顶部用土工布铺垫，使种植层与蓄水层之间水、气交换时可对泥土进行过滤。

种植土壤：既可以是普通菜园土，也可以是人工配制的基质，基质相比园土质量轻、养分丰富，但必须注意的是，用纯泥炭或椰糠或菌棒等做种植基质时，最好加50%左右的菜园土混配，效果更好。为避免连作障碍，宜选用不同科属间的作物轮作（水旱轮作更好）。

1.1 平屋顶旱生作物种植原则与管理要点

屋顶作物栽植与收获各阶段，均应避免土壤裸露导致扬尘，必要时洒水保持土面湿润。（可每天早或晚自动喷水5至10分钟，灌溉兼防尘，或以作物秸秆、地膜等覆盖。）。

1.1.1 作物种植原则：屋顶土层厚度在10～15厘米时，原则上以低矮、浅根系的作物为宜，通常以叶菜类为主；当土层在20～25厘米或以上时，多数蔬菜、粮、油作物都能种植。

1.1.2 管理要点：作物生长主要受光、温、水、气、肥五大生长因子和根系固定方式的影响。屋顶的光、温条件较好，因此屋顶种植作物成败与否关键在于根系的固定和水、肥、气的管理。

1.1.2.1 **水分管理**：屋顶栽培须配套安装灌溉与排水系统，做到旱能灌、涝能排。采用蓄水灌溉方式为好，蓄积的雨水或人工补充的水源储存于泥土底下，并不断补充土壤水分，平衡供水，有利作物健康生长，且水分管理又省心、省力。不能采纳蓄水型灌溉的屋顶农业，包括略有坡度的“平屋顶”，可采用自动喷灌、滴灌、渗灌或沟灌等多种形式。一般叶菜类以喷灌为宜，而瓜果类以滴灌较好。灌水时间以早、晚为宜。

除蓄水型灌溉方式外，采用其他灌溉方式的，必须频繁灌溉，特别是盛夏高温季节更应防止缺水，俗话说“有收无收在于水”，收获种子或果实类作物，在花期或幼果期，即使仅出现 1 次不太严重的缺水，也可能导致颗粒无收。土层越薄，单幅土地面积越小，保持水份能力越弱，灌水越要及时适度，夏季高温日每天应灌水 2 至 3 次。

土层在 25 厘米以上时，虽因季节、温度、空气湿度、风速、作物生长量等诸多因素而有所不同，但一次透雨或一次充足的灌水后，可维持 3 ～ 10 天时间作物不缺水。

蓄水层 10 厘米 + 土层 25 厘米时，在雨水充沛地区基本不用人工补水，只有在连续干旱，至少 1 个月以上或数月不下雨时，或需补水一次，然后又可维持 1 个月或数月不用灌水。

1.1.2.2 **肥料管理**：“收多收少在于肥”，屋顶作物施肥，原则上以有机肥为主，包括堆制后的生物质废弃物、菜籽饼、沼渣等，翻入土壤中作底肥。追肥可用沼液或化肥，用量参照不同作物的栽培说明，用法上可与灌水同步，原则上应适量、多次，薄施、勤施。

1.1.2.3 **土壤透气性管理**：屋顶种植层下面的屋面板不但密不透水，也密不透气，因而在屋顶作物栽培中，土壤疏松透气与灌水同等重要。

在屋顶栽培作物，由于土壤缺少蚯蚓、蝼、蚁之类昆虫活动对土壤的松动，因此除多施用粗纤维含量高的有机肥外，宜每季作物收获后至换茬前进行一次全面翻耕，但耕作时不能触及底部的屋面防护层，一般翻耕时在挖掘深度达到上层厚度的 2/3 时（由于根系的牵连），底层土壤就会被带起脱离屋面，空气自然会进入底部。因而屋顶松土用的工具（如锄头或铁耙），其入土深度应控制在土层厚度的 2/3 内；翻耕时入土角度尽量大（斜）些，严禁工具前端触及屋顶面板，确保防止损坏屋面防护层。

排水必须畅通，避免大暴雨作物淹水受害，对于易板结土壤，雨后应及时松表土；但若有覆盖物，土壤没有裸露的，不必时常松土。

1.2 屋顶大棚（保护地）栽培与管理要点

1.2.1 屋顶大棚设施：屋顶与地面一样可建造简易大棚、连栋大棚、玻璃温室或阳光房，设计建造时更要注意增强设施的抗风能力。大棚内土培、基质栽培、水培或雾培可根据屋顶荷载、经济实力、喜好等条件而定。

1.2.2 屋顶大棚土培、基质栽培的种植管理均与露天栽培基本相同，所需水分完全靠人为供给，可按照作物需水量与管理要求设定自动灌水量与灌溉时间，以土壤保持潮湿状态为宜，不同作物管理也有差别，以收果实为目的蔬菜如瓜类、茄果类、豆类植株空间要适当偏干，可采纳滴灌（空气过湿，容易发生病害）。叶菜类栽培，空气湿润有利于叶片的生长与鲜嫩，可以采纳微喷方式灌溉。

设施保护地栽培：冬、夏季均可种一些反季节蔬菜，延长蔬菜供应期。有遮阳设施的还可种兰花、铁皮石斛等耐阴花卉。

1.2.3 屋顶大棚水培与雾培

屋顶水培与雾培也是屋顶设施栽培的方式之一，种植、管理均与地面栽培完全相同。但能源消耗远比其他栽培方式高，属于工业化农业生产范畴，生产成本高，管理要求也特别精细，在屋面荷载不能满足常规方式或有特定需要时可以采纳。

2. 一般平屋顶水生作物种植原则与管理要点

2.1 作物种植原则：屋顶有 15~25 厘米厚土层，其上能保持水深 5~15 厘米的条件下，一般茭白、荸荠、慈菇、水芹菜、芋艿等浅水性蔬菜或湿地蔬菜都可种植（虽然也可种水稻等粮食作物，但考虑到水稻生产过程宜机械化，即使是人工管理，在收割时一般也要机械脱粒，操作非常不便，且屋顶面积有限，若非因粮灾、教育实践、观赏等原因，不建议屋顶栽培水稻）。

2.2 管理要点：灌溉设施，蓄积雨水或从地面直接抽水上屋顶，以大水漫灌形式即可，始终保持屋面有水层或至少保持土壤湿润（特别要避免排完水后屋面长时间处于干燥状态而导致混凝土收缩变形产生裂缝而漏水），其他管理措施参考地面栽培。

3. 深覆土种植屋面作物种植原则与管理要点

深覆土屋面（土层厚 40 ~ 50 厘米或以上）：就普通农作物种植与管理而言与地面别无二样，只有当极度干旱时，比地面需更多的水分灌溉。考虑建筑成本，普通农作物不必太厚的土层，屋顶种植果树时才考虑采用深覆土。

3.1 果树种植原则：种植果树与种一般绿化树木不同，多以收获优质果实为目标。因此在种植时首先考虑为果树创造有利于开花结果与形成优质果品的条件，植株之间枝叶不能过多交叉重叠，保证适当的距离与空间，使每棵果树都能获得充足的阳光照射。屋顶果树从安全与采摘方便考虑，以灌木为宜，乔木果树采用矮化栽培，控制树冠高度，并适当密植，可采用单杆整枝，种植株数为地面的 1.5 ~ 2 倍，矮化、限根栽培同样能获得优质高产。

3.2 果树种植要点：果树以宽畦垄作为宜，根据不同的果树类型，畦宽在 150 ~ 300 厘米之间，垄面以屋脊形，树墩区域以馒头形为宜，同样在垄与垄之间置∩形混凝土预制构件（垄沟板），以利于灌、排水与田间操作。雨后地面不得有积水，为提高抗旱能力，同样可采用下蓄水方式造地，蓄水层同样控制在 8 ~ 12 厘米。

果树的基本栽培管理措施，包括藤本类果树的栽培管理，均参考地面果树栽培。

4. 深蓄水种植（养殖）屋面作物种植原则与管理要点

深蓄水屋顶利用可分两类，一类是屋顶湿地类作物种植，另一类是屋顶水产养殖（必须注意：深蓄水屋面同样不允许随意排干水而导致屋面长时间脱水干裂）。

4.1 深蓄水屋面农业种植与管理：屋面覆土 15 ~ 25 厘米，蓄水较浅时参考浅蓄水屋面种植与管理。当土层上方蓄水深度达 25 ~ 35 厘米时，可种植莲藕、菱等深水作物，其他管理方法参考地面栽培。

4.2 深蓄水屋面养殖与管理：当屋顶水深达 40 ~ 50 厘米，一般的杂食性小型鱼类如鲫鱼、罗非鱼、金鱼、金鲤均可养殖。但毕竟由于水层浅，溶氧量有限，水体温度、质量等受外界影响大，因此必须安装水体循环污物过滤系统，污水用于屋顶农业的灌溉，需不断补充清水；养殖密度高时必须增设增氧设备；夏季采取遮阳降温设施（为了遮阳，可在水池中间，相隔 4~8 米用种植筐种植南瓜、丝瓜、葫芦等各种爬藤作物，既遮阳又分层利用屋顶空间）；冬季采取覆膜保温。屋顶水产养殖基本操作方法与措施参考地面水产养殖。

4.3 蓄水种植兼养殖模式管理：无论是浅蓄水或深蓄水的水生植物种植区，都可以搭配混养对水质要求不高的泥鳅、黄鳝、甲鱼或青田田鱼等，在浅蓄水种植区因有时补水不及时，须留一处或多处深度在 40 厘米以上的水塘或水沟，避免鱼类搁浅死亡。混养模式有植物庇护，夏天基本不用外加遮阳降温设施。

5. 坡顶种植屋面作物种植原则与管理要点

5.1 坡屋顶种植屋面整地原则：坡屋顶整地有两种形式：

5.1.1 屋面坡度＜ 20% 的屋顶：覆土后，可采用自然缓坡划等高线方式整畦。

5.1.2 坡度 >20%：可参考建梯田的形式，每隔 1 米左右设挡土槛（兼防滑、排水与走道板功能），待畦整理完毕再覆土。且无论是哪一种形式的坡地整理，翻耕或松土都应注意“将泥（种植基质）往上耙”的原则。

5.2 坡屋顶作物种植与管理：作物种植与一般平屋顶旱生作物种植原则与管理基本相同。所不同的是坡屋面土地接收雨水的能力弱，保水性能相对差，应比平屋面浇更多水，灌溉方式以自流滴灌形式为宜，从高处安装滴头，水顺势往下流。在以梯田形式筑畦时，灌水可以凭水的自流形式逐级往下走。

6. 旧建筑屋顶作物种植原则与管理要点

旧建筑屋顶农业利用首先应按本图集“附录（二）”要求，由专业机构认真复核结构承载能力，确认其允许建设为前提，采取必要的，能确保建筑安全与增强防漏等措施。采用如下几种方式：

6.1 全面覆土栽培：宜采用泥炭、草甸土、废菌棒等轻基质混合物作种植层（或轻基质与菜园土按 1 ∶ 1 的比例混合），当土层厚 25 厘米左右时，大部分农作物都能种；如土层在 10 厘米或以下时，只能种叶菜类蔬菜（种植以收获果实或种籽为目标的作物风险较大）。其他管理措施与方式，参考一般平顶旱生作物种植屋面的种植与管理。

6.2 普通上人屋顶的农业利用：此类屋顶设计荷载低，出于安全考虑，可采用设施大棚＋雾培（水培）方式进行利用，雾培（水培）的荷载每平方米只需要 30 ～ 50 千克即可。具体栽培要点参照普通“水培与雾培”管理技术。

6.3 蓄水型塑料种植筐组合栽培模式：当屋面允许农业种植有 3kN/m² 恒荷载时，若采用普通的下蓄水模式造地栽培时屋顶荷载明显不足，而采纳非蓄水型普通旱地模式，后期管理相对麻烦，此时可采纳蓄水型塑料种植筐组合栽培模式。控制蓄水层 5 厘米，覆密度不超过 1 克 / 立方厘米，厚 20 厘米的种植基质，种植除果树之外的大多数旱地作物，可获得与蓄水型种植屋面同样的效果。

6.4 屋顶农业利用需要特别注意之处：屋顶农业（造地或种植筐）必须满铺，即屋面全覆盖，保证屋面隔绝光照，保持温度、湿度的一致性，才能使混凝土建筑屋面得到长久的保护。要防止在屋面没有全方位统一做温度、湿度保护设施的前提下，零零星星划片建种植池、摆种植筐等，会造成屋面种植区与非种植区因光照、温度、湿度的强烈差异，特别是种植与非种植交接处由于热胀冷缩或湿胀干缩的应力不同，最终会导致屋面开裂而漏水。

屋顶农业利用的意义与实践

浙江省农业科学院　李伯钧
浙江省丽水市建筑设计研究院　刘小丽

【摘要】 在先后于1991—1996年（丽水）与2007—2012年（杭州）分别进行的多项工程实践与课题研究基础上，本文侧重从保护耕地与城市生态、经济、社会效益方面，论证"屋顶农业利用"在我国城市发展建设中的必要性与重要意义，以及可供推广应用的技术措施。

【关键词】 屋顶农业利用；保护耕地；无公害廉价果菜；优化城市生态；经济与社会效益；标准化技术措施

屋顶农业利用的必要性

我国的城镇化正处在快速发展期，1978年，我国城镇化率只有17.9%，到2011年，城镇化率为51.3%，预计到2030年城镇化率将达到75%～80%[i]，人口越来越多地向大中城市聚集。随着经济的快速发展，我国耕地减少趋势明显。凡城镇新建住宅区、工业园区、机关、学校、市场、新农村等，均需占用大量土地，建设占地成为耕地减少的主要原因。"至2008年末我国城乡建设占用土地2200多万 hm^2"[1]，相当于总耕地面积的17.83%。"浙江省杭州市萧山区，2001年农村居民点及建制镇、工矿、企业用地面积18897.42 hm^2,"[2] 相当于该区总耕地面积57106.99 hm^2 的33.09%。随着我国现代建设进一步推进，农用地、耕地的刚性减少是不可避免的。

1　新华网北京2009年11月27日，住房城乡建设部村镇建设司司长李兵弟在第三届中国城市化国际峰会上的介绍资料。

2　2001年萧山区国土资源局统计资料。

为保证亿万国人生存的食物需求，国家已提出“保护18亿亩耕地”的“红线”——生命线。因此占用耕地必须通过其他途径如开垦荒地，围海、围湖造田，开山造地等方式得到补充，称之为“占补平衡”。但以上任何一种开垦新耕地的方式，都或多或少地包含新的风险与危机。如：压缩野生动、植物生存空间（甚至导致某些物种消亡），降低水库容量与雨水调节功能（甚至灌溉能力下降），水土流失，江河淤塞，甚至引发洪涝灾害或新的环境问题，等等。对浙江而言，可开垦造地资源有限，与现代化建设所需占用农用地差距很大。

民以食为天，如何缓解城市人口增长与耕地面积日益减少的矛盾，这已是摆在国人面前无法回避的问题。如何做到：既不任经济发展与城市化无节制地占用耕地，也不至于凡耕地就绝对保护而制约经济增长？

因此，向空间要地，实施屋顶农业利用，这是既可增加农用地面积，又涉及优化城市生态的一条新路，一个很值得探讨的课题。屋顶造地可使建筑占地与造地同步，边占边补，达到减缓耕地紧缺的矛盾，同时满足经济发展、增加农用地面积和优化城市生态的需求。

有人认为：“屋顶造地面积小，又不适合现代化农业大型机械操作，是农业的倒退。”但事实上，目前除水稻、麦子、玉米、大豆、马铃薯等大宗粮食生产，从栽培、管理到收获均可高度机械化之外，绝大部分蔬菜、水果生产过程（除土地耕翻与防病治虫），机械化程度依然较低（如叶菜类、茄果类、菜豆类的栽培等，在农村无论地块面积多大，从种到收目前还基本依靠手工劳作）。而屋顶蔬菜、瓜果生产的大棚自动化模式并非不能实施。因此，屋顶蔬菜生产基地作为现代大农业的补充是必要和合适的，不应只从“较难实施现代化农业大型机械操作”就予否定。

中国城乡居民蔬菜人均消费量为 122.3 ～ 130kg/ 年 [ii]，对于大中城市而言，蔬菜供应数量庞大。近郊菜地被住宅区或工业区所占，城市蔬菜供应地离城市越来越远。远距离无特定目标的市场供求关系，导致与城市稳定的消费脱节，使蔬菜生产的盲目性、风险性均增加。蔬菜生产地的外移还必定伴随“鲜菜不鲜”、高损耗与中间商抬价等因素，菜贱伤农（农民）、菜贵伤民（城市居民）不可避免。

为保障城市居民对蔬菜的巨大需求，若能利用建筑屋顶生产蔬菜尤其是叶菜类蔬菜，建设“城市新菜篮子工程”，就可使蔬菜生产与消费无缝对接，将部分蔬菜生产从农村引入城市，扩展城市屋顶无公害菜园，既节省城市用地资源，又减少损耗，确保蔬菜的鲜嫩，直接惠及城市居民。

屋顶种植优化城市生态

屋顶农业利用（种植蔬菜、瓜果及草、木本中草药等），从优化建筑屋顶与城市生态角度，其功效与优越性与一般屋顶绿化是一样的：建筑屋顶种植不但能使一般城市建筑“第五立面”彻底改观，由原先统一、单调、冷漠的水泥基调（灰色）改变为一片生机盎然的绿色或随季节变换的五彩斑斓，而且能释放氧气、降温隔热、防渗、蓄水、吸尘、保护屋面防水层，延缓屋面混凝土老化，等等。先后于 1991—1993 年（一冬两夏）在丽水与 2011—2012 年 (一冬两夏) 在杭州对部分工程屋顶（每个点昼夜 24h 连测一周）的测温数据均证明：不用隔热材料的种植屋面均具良好的降温隔热与保温性能 [iii]。下面以杭州 2011 年夏、冬与 2012 年夏种菜屋顶与裸屋顶的屋面温度对比曲线图见图 1 ～图 3。

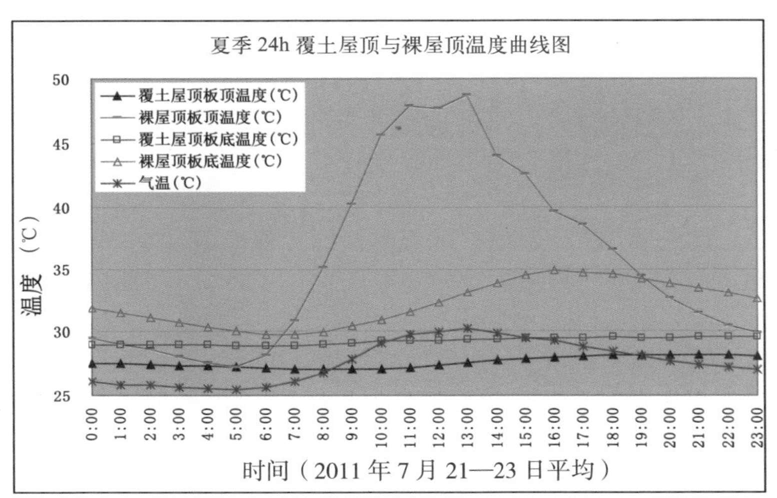

图 1 夏季 3 天覆土屋顶与裸屋顶屋面温度曲线图

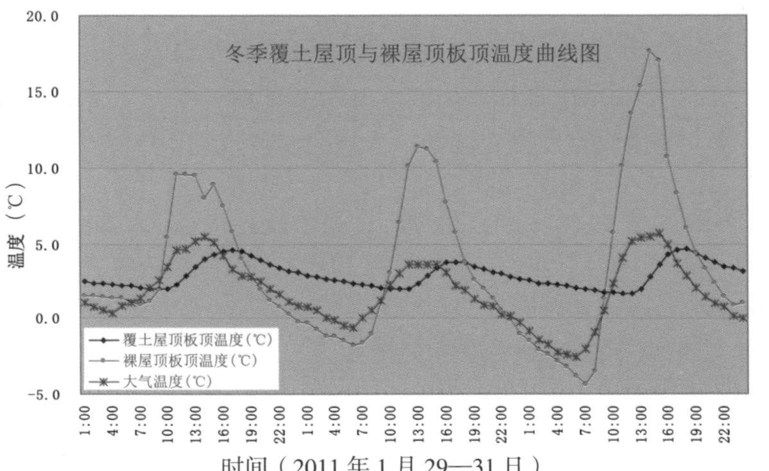

图 2 冬季 3 天覆土屋顶与裸屋顶屋面温度曲线图

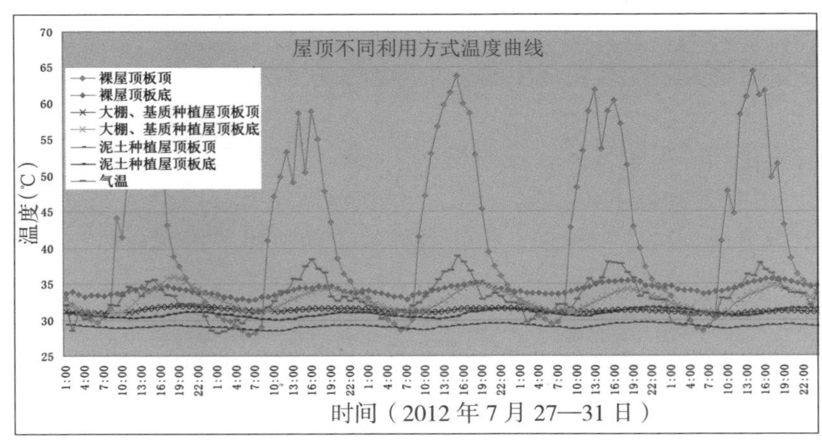

图 3 夏季“设施栽培”种植屋顶与裸屋顶不同部位连续 5 天温度曲线

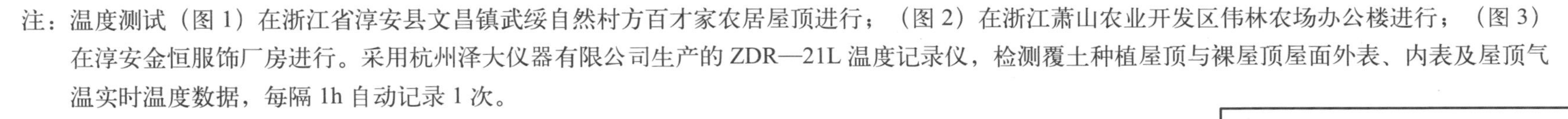

注：温度测试（图 1）在浙江省淳安县文昌镇武绥自然村方百才家农居屋顶进行；（图 2）在浙江萧山农业开发区伟林农场办公楼进行；（图 3）在淳安金恒服饰厂房进行。采用杭州泽大仪器有限公司生产的 ZDR—21L 温度记录仪，检测覆土种植屋顶与裸屋顶屋面外表、内表及屋顶气温实时温度数据，每隔 1h 自动记录 1 次。

夏季连续 3d 覆土种植屋顶室内昼夜温差几乎无波动，检测 3d 最高 30℃，最低 28.4℃，仅 1.6℃的温差振幅；室内温度均高于屋面 1 ~ 2℃，说明种植屋顶室内的高温不是从屋面导入，而是从四周的墙体、玻璃窗导入，或来自热空气的对流。裸屋顶室内昼夜温差非常明显，随屋面温度剧变波动，当屋面温度达到 50℃左右时，室内随后升至 35℃左右；当屋面温度降至 27℃以下时，室内温度随后亦降到 29℃左右（图 1）。

冬季连续 3d 覆土种植屋顶昼夜温差波动很小，检测 3d 最高 4.8℃，最低 1.7℃，仅 3.1℃的温差振幅；裸屋顶温差非常明显，最高 17.7℃，最低 –4.4℃左右，温差振幅 22. 1℃。当气温连续在冰点以下最低点 –2.6℃时，裸屋顶比气温更低（达 –4.4℃），屋面出现严重冰冻，而覆土种植屋顶始终在冰点以上，最低 1.7℃，比气温高 4.1℃（图 2）。

（图 3）对不同利用方式屋顶连续 5d 进行温度定点测定，测得该试点夏季高温时段，裸屋顶板顶最高温度在 57.7 ~ 64.3℃之间，最低温度在 27.8 ~ 29.6℃之间，昼夜温差在 28.1 ~ 36℃之间；覆土（自然土壤）种植屋顶板顶最高温度在 29.2 ~ 29.6℃之间，最低温度在 28.4 ~ 28.8℃之间，昼夜温差仅 0.4 ~ 0.9℃；覆土（轻基质）板顶在 31.3 ~ 31.9℃之间，最低温度在 30.7 ~ 31.2℃之间，昼夜温差在 0.6 ~ 1℃之间；裸屋顶板顶平均昼夜温差是覆土（土壤）屋顶的 49.3 倍，轻基质屋顶的 40.1 倍。裸屋顶板底（有平均 15cm 煤渣、砂砾隔热保温层）最高温度 35.6℃，覆土（自然土壤）种植屋顶板底（空气不流通）最高温度 29.6℃，相差 6.0℃（轻基质屋顶板底温度测定，温度计探头摆放后受风力影响下挂，与板底无接触，实际测定环境为空气流通的大空间，因此温度变化接近气温，板底温度有待进一步研究）。裸屋顶与种植屋顶板底昼夜温差均不大，但裸屋顶板底温度始终高于种植屋顶。

这是因为屋顶覆土种植有效降低屋面的热辐射：作物通过光合作用将太阳能转化成生物能，再加水分蒸发与蒸腾带走大量的热能，从而减轻热岛效应。

此外，屋顶覆土种植作物可吸收大量氮氧化合物、硫化物、二氧化碳等温室气体，按照屋顶干物质生产量 22.5 ~ 45t/hm^2 推算，相当于吸收 32.6 ~ 65.2t/hm^2 二氧化碳、生成 25.5 ~ 51t/hm^2 氧气，可有效降低 $PM_{2.5}$ 值，净化、优化城区空气。

城市宅间地如均利用地下空间作停车库与走道，大面积顶板上均造地，种菜、种果，植物森林将重新替代“水泥森林”。建筑与城市均将掩映在绿色之中。

从建筑对地球表面的破坏（使地球表面水泥化、硬壳化，雨水瞬间流走，不能正常参与水汽循环导致建筑物上部空气干燥，建筑表面昼夜温差大于地表，大规模的城市建筑群甚至可引起周边小气候异常等）看，屋顶造地种植农作物，能吸纳雨水，还可利用生活废水参与水汽循环，保持建筑物上部空气湿润。屋顶农业不仅为人类提供食物，也能为鸟类提供食物与栖息场所，使建筑功能扩展为工作、生产、生活、生态多方综合，让建筑与人都最大限度地接近自然，获得良好的生态环境。

由上述分析可见，农用种植屋面也与一般植绿屋面一样，对净化城区空气、改善建筑室内温度环境与室外小气候、减轻“城市热岛”效应、节能节材，及优化城市鸟瞰景观等方面均有良好效果。如在城区批量建造的建筑屋顶推广，必将优化整个城市的生态，是改善城市环境与缓解“城市综合征” 的最有效途径。

屋顶造地实践

1. 屋顶造地试点与面积

本课题部分试点工程：

（1）浙江萧山农业开发区杭州伟林农业开发有限公司办公楼（新建，普通上人屋顶）；水产养殖场（新建，结构自防水覆土种植屋顶）；林江农庄（新建，覆土种植屋顶）。

（2）杭州一正农业开发有限公司办公楼（旧房，原为水泥薄板，95 砖架空隔热屋顶）。

（3）丽水市莲都区太平乡丽华瓯柑产销专业合作社综合楼（新建，覆土种植屋顶与地下室农业利用）。

（4）杭州千岛湖金恒服饰有限公司一号厂（旧房，1500 m^2 屋顶花园），二号厂房（旧房，普通上人屋顶，2500 m^2 轻基质箱式种植试点），三号厂房（新建，轻基质种植屋顶，6000 m^2 联幢大棚），并新建沼气池、雨水收集池，开辟地下室食用菌栽培等区域资源综合循环利用试点）。

（5）杭州麦河生态农业开发有限公司（旧厂房，普通上人屋顶，两幢厂房计 2600 m^2，大棚雾培种植试点）。还在浙江省绍兴、杭州市富阳、余杭彭公、丽水莲都等不同区域不同类型建筑屋顶及地下室顶板造地，已累计屋顶造地 30000 多平方米。

2. 屋顶农作物种植方式、品种与产量

造地与种植方式：覆土栽培（土层厚 6 ～ 30cm 不等）、轻基质栽培、雾培（水培）、种植箱栽培和大棚设施栽培等。

种植浙江省常规农作物中的绝大部分的粮油、蔬菜、经济作物、花卉及部分果树。

粮油类包括：水稻、大麦、小麦、玉米、黄豆、甘薯、马铃薯、花生、油菜籽等；

蔬菜瓜果类有：西红柿、茄子、辣椒、黄瓜、鲜食黄豆、豇豆、菜豆、葫芦、丝瓜、冬瓜、苦瓜、萝卜、大头菜、大白菜、青菜、芥菜、莴苣、大蒜、韭菜；西瓜、甜瓜等；

花卉、中草药有：兰花、铁皮石斛等；

果树有：果桑、葡萄、冬枣、枇杷、杨梅、金柑、柑橘、兰梅等。

总共 40 余种作物，50 多个品种。下面选录部分屋顶实景：

屋顶蔬菜

屋顶油菜花

屋顶西瓜

屋顶麦子

屋顶水稻

屋顶种植农作物（无论是土培、基质栽培、雾培、箱式栽培，还是露地栽培或设施栽培），因季节或栽培方式不同，产量有差异，但都获得成功，只有个别作物（如土豆、豇豆）单产略低于浙江平均水平，绝大多数作物单产均高于浙江大田平均单产水平。其中尤以黄瓜、青菜、萝卜、西红柿、冬瓜等较突出，在屋顶栽培条件下，产量为常规地上栽培的两倍以上，屋顶栽培的番薯单产更为大田番薯平均单产的 4.59 倍 [iv]。

以种植蔬菜的 9 个组合（耕作制）统计为例，一年 4 熟的 2 个组合青菜—黄瓜—豇豆—青菜、青菜—西红柿—青菜—青菜产量为 21.57 ~ 21.59kg/m^2；一年 3 熟的 2 个组合青菜—茄子—茄子、青菜—黄豆—萝卜产量为 12.39 ~ 13.89kg/m^2；一年 2 熟 3 个组合青菜—青菜、黄豆—青菜、葫芦—葫芦产量在 8.14 ~ 9.35 kg/m^2 之间；一年 1 熟的丝瓜与冬瓜产量在 5.99 ~ 8.57kg/m^2。四种耕作制，平均生产蔬菜 12.69kg/（m^2·年）[v]。

如果按现有的蔬菜生产水平和消费量，城镇居民人均如有 10m^2 屋顶菜地，就基本能满足全年蔬菜自给。我国目前城镇居民人均建设占地在 100 m^2 左右，农村居民人均建设占地在 180m^2 左右，只要规划时有所考虑，人均开辟 10m^2 屋顶菜地并非难事。

屋顶种菜的经济效益与社会效益

一、经济效益

1. **屋顶造地成本**：土层在 15cm 时的荷载与目前现浇屋顶普遍采用的薄板架空隔热层的荷载相当，但可降低建筑成本 10% 左右；经调查，三层楼农居中的欧式尖顶房，仅尖顶成本就占整幢房子造价的 1/2 或 1/3 强，若“平改绿”替代“平改坡”至少可节约资金一半以上。
2. **土地效益**：浙江每年如果屋顶造地占新建筑的 50%，至少可节地 10 万亩以上；以每亩 20 万元的购地指标价计算，每年可节约开支 200 亿元以上，如果浙江全部建设用地的 1/4 以建筑造地，可达 120 万亩，同样按每亩 20 万元计算，高达 2400 亿元。若按浙江省城镇工业与住宅用地出让价以每亩 50 万～ 500 万元计算，将产生 0.6 万～ 6 万亿元的收益；如果增加 120 万亩土地招商引资，引入的企业与产生的税收难以估量。
3. **栽培作物效益**：屋顶种蔬菜，采用一年三季或四季栽培，可收获蔬菜 0.5 万～ 1 万千克 /（亩·年），以每千克 3 ～ 4 元计算，每亩每年可增产值 1.5 万～ 4 万元。
4. **降低屋顶维修成本**：屋顶造地后可减轻屋面遭受太阳暴晒与冰冻及温差剧烈波动造成的风化；消除太阳紫外线对屋面的破坏。从本课题试点工程 2004 年建成至今，覆土下面的屋面混凝土还保持浇筑时的光洁，而无覆土屋面混凝土表层已严重风化，露出粗糙的砂子。只要在耕作中注意不伤及屋面防水与防护层，屋顶覆土种植有利于屋面结构维护，能降低屋顶维修成本。
5. **节能**：农业种植屋顶夏季室内温度比裸屋顶低 5 ～ 6℃，可少用空调而节电。屋顶农业在利用生活废水的同时，水中氮、磷、钾等营养元素被作物反复吸收利用，避免了开放式循环中营养元素的损失，可减少化肥生产过程中能源的消耗。

   城市蔬菜哪怕仅部分自给，也相应减轻蔬菜长途运输过程中的能源消耗。以海南等外地蔬菜供应杭州市为例，平均油耗为 0.25L/km 左右，单车单程油耗 400L，以放空率 50% 计，10t 蔬菜由海南至杭州运输总消耗燃油 600L 左右。以杭州城市人口 637 万（不包括外来人口）计算，若 1/3 蔬菜依靠海南、山东等远程供应，仅燃油消耗就要 1.52 万 t，蔬菜在城内生产供应，节能潜力巨大。农村蔬菜基地让位于可机械化操作的粮食生产，又可节约单位面积的能耗。

二、社会效益

1. **保障供给**：民以食为天，屋顶菜园是离人们生活最近的“城市新菜篮子工程”。屋顶生产蔬菜 12.69 kg/（m^2·年），按目前城镇人均蔬菜消费 125kg 折算，城镇 10m^2/ 人屋顶菜用，基本能实现城镇居民全年蔬菜的自给。
2. **增强防灾、抗灾能力**：屋顶造地栽培作物，可缓解居民对外地蔬菜、粮食的依赖，一旦出现大的自然灾害造成粮食危机，屋顶可随时种速生蔬菜自救。屋顶菜园完全具备旱涝保收的潜力。
3. **缓解（甚至消除）土地对建筑的制约**：屋顶种植搞得好可相当于“建房只占空间不占地”。建房占地与耕地保护二者矛盾亦有望得到基本解决。
4. **增加就业机会，解放农村劳动力，促进城市化进程**：目前大部分蔬菜生产依靠人工栽培与管理，城市通过屋顶利用实现蔬菜自给（吸纳农村中、老年农民从事屋顶菜园管理），农村基本农田就可让给以大型机械操作的粮食生产，有利于解放农村劳动力，还可为进城青年农民与父母在城市团聚与定居创造条件，加快城市化与城乡一体化进程。

5. **提高市区中老年居民生活质量**：生命在于运动，城市离退休中老年人若能在居所屋顶种菜、种花，既得无公害廉价果菜，又锻炼身体。
6. **改善社会风气**：城市扩张导致郊区农民失地，使部分农民成为有闲阶层，无所事事，沉湎于麻将或牌桌，个别连房舍、土地征用款都输光，导致家庭不和与社会不安。更有甚者，"三缺一"时还会把家中小孩也拉上，不但祸害当代，还影响下一代。屋顶种菜可压缩农村有闲阶层人群，减轻因城市扩大导致郊区农民失地、失业的困境。
7. **环保**：部分有机废物可就近处理，用于作物栽培，在产地源头消化，可消除对土壤、水系、空气的二次污染。
8. **引农耕上建筑屋顶**：可让城里孩子就近了解食物生产知识与劳动意义，并通过切身体验，培养栽培兴趣与珍惜粮食、果菜的意识。

推广农用种植屋面的技术措施

必要、合理，具种种优势，有多方效益的"屋顶农业利用"是否可行、易行，便于推广呢？答案是肯定的。

首先，有关实施屋顶绿化（植草、种花，及建屋顶花园）的优越性与相关技术措施，近一二十年来国内外均已发表不少文章，出版不少图书。无论是理念与技术均已受到较多方面重视与关注，相关技术亦渐趋成熟、系统。作为指导种植屋面设计与建造标准的我国首部《种植屋面工程技术规程》已于 2007 年 11 月 1 日实施（2013 年进行了修订）。

丽水市建筑设计研究院自 20 世纪 80 年代起在新建居住小区与一般民用建筑屋顶研究推广"蓄水屋面"后，又在部分工程试行覆土植草屋面。1991 年起，多年认真实践与研究"蓄水与覆土植草屋面"，并在课题成果基础上编制了《蓄水屋面》（院通用设计）与《覆土植草屋面 99 浙 J32》（浙江省建筑标准设计），形成更便于推广应用的系统成套技术 (后者于 1999 年由浙江省建设厅发布实施。2002 年先后获《浙江省优秀建筑标准设计二等奖》与《国家优秀建筑标准设计铜奖》)。目前《种植屋面》正在编制中。2003 年实施的国家建筑标准设计《平屋面建筑构造 (二)》中亦包含"种植屋面"的相关节点。

可以说，目前较常规的一般屋顶绿化工程在建筑设计与施工技术及相关建筑材料等方面已初步配套，相关技术正进一步发展与完善。只要有关领导与建设单位有必要的认识，并给予应有重视，进一步推广与普及屋顶绿化已不成问题。

"建筑屋顶农业利用"属"种植屋面"中的一类，也首先涉及建筑物屋顶承载能力、使用安全，以及防水、防渗、耐腐蚀与耐久性等性能保障。但须按屋顶农业利用不同目标（规模经营或个体分散）以及实施建筑的不同类别与状况分别研究相关技术措施，相对于一般屋顶绿化，确有其特殊性与复杂性，因而不宜参照一般建筑工程案例，仅由相关专业设计与施工人员各自应对，而应事先统一编制更具针对性与可操作性，能供相关专业设计与施工单位直接应用的"标准化统一技术措施"，如：本课题专项编制的《浙江省农业科学院技术推广项目：农用种植屋面（建筑节点标准设计）浙农 J2012》图集。其主要内容包括：

设计说明 (含：适用范围、设计依据、材料选用、设计要点、施工要点与程序，及种植屋面维护)；

农用种植屋面分类与有关建议；

一般平顶旱生作物种植屋面分层做法、屋面布置示例及三类屋面节点图

一般平顶水生作物种植屋面分层做法、屋面布置示例及三类屋面节点图

深覆土种植屋面分层做法、屋面布置示例及两类屋面节点图

深蓄水种植（养殖）屋面分层做法、屋面布置示例及两类屋面节点图

坡顶种植屋面节点设计说明，坡度＜ 20% 的坡顶种植屋面布置示例与两类屋面节点图

坡度＞ 20% 的坡顶种植屋面布置示例与两类屋面节点图

预制构件：走道板、垄沟板等

以及：附录（一）屋面种植（养殖）区荷载

附录（二）旧建筑屋顶实施农作物栽培应注意的事项

附录（三）种植（养殖）屋面维护

附录（四）屋顶农作物种植指南

（详附页：《农用种植屋面》目录）

注：1.“三类屋面节点图”指“屋面节点图”包括：设蓄水层的“卷材 + 涂膜”防水屋面节点

设细石混凝土防护层的“卷材 + 涂膜”防水屋面节点

设水泥砂浆防护层的“卷材 + 涂膜”防水屋面节点

2.“两类屋面节点图”指“屋面节点图”包括：涂膜防水屋面节点

“卷材 + 涂膜”防水屋面节点

结语

综上所述，与 2500 多年前的古巴比伦“空中花园”相比，现今屋顶种植的建造技术与质量均已日趋完善与成熟，屋顶农业利用的结构安全亦已不再是制约性问题，且建筑成本增加有限（甚至反而节省），空中花园也已不只是少数富人的奢侈品，更大范围推广建筑屋顶农业利用的时机已到。

但由于人们自身知识的局限与观念的差异，对“屋顶种植”的认识尚存在误判与误解，甚至怀疑与恐惧。短期内恐仍难以被广泛接纳；我国与此相关的各项政策、法规亦有待进一步配套与完善。目前，农耕地食物生产还能维持人们生存的需求，人们对“城市综合征”还能忍耐，因此，“空中菜园”在现代城市中普及尚需时日。

可我们仍希望并相信：应能在不远的将来，也许不必等 10 年，20 年，或 50 年，“屋顶农业产业化”迟早会成为城镇无公害廉价蔬、果供应的重要来源；以屋顶农业为切入点的城市资源综合利用，应能成为消除“城市综合征”的良方，新时期城市可持续发展的新路。

注：本文被编入“2012·中国杭州·世界屋顶绿化大会”论文集

参考文献：

i 仇保兴 . 推行绿色建筑 加快资源节约型社会建设 [J]. 中国建筑金属结构，2005（10）：5-10.

ii 汪晓银，谭劲英，谭砚文 . 城乡居民年人均蔬菜消费量长期趋势分析 [J]. 湖北农业科学，2006（3）：35-35.

iii 刘小丽 . 覆土植草屋面优化人居与城市生态环境 [J]. 浙江建筑，1997（104）：36-40.

vi 李伯钧，孙崇波，戚行江，等 . 屋顶造地农业利用可行性研究初报 [J]. 浙江农业学报，2012(3)：95-100.

v 李伯钧，刘小丽，杨佩贞，等 . 屋顶农业利用与城市新菜篮子工程探讨 [J]. 浙江农业科学，2012（5）：46-51.

杭州濮家小学教育集团农用种植屋面工程效果调查

单位名称（公章）：杭州濮家小学教育集团　　业主姓名（签名）：季康平　　电话：057156927858

地址：杭州市江干区机场路 110 号　　调查人（签名）：　　填表人（签名）：

（一）工程概况：

建筑类别	笕新校区教学楼；生态猪舍	建成时间	2012 年
建筑与屋面结构	教学楼：钢筋混凝土框架结构；现浇钢筋混凝土坡屋面生态猪舍：砖混结构，现浇钢筋混凝土坡屋面	屋顶设计坡度（%）	教学楼：混凝土现浇屋面，平顶，建筑找坡 2%；生态猪舍：混凝土现浇屋面，坡度 0
屋顶总面积（m^2）	教学楼 1800m^2；生态猪舍 30m^2	种植屋面面积（m^2）	教学楼 1500m^2；生态猪舍 30m^2
屋顶防水层做法	教学楼：防水涂料 +SBS 防水卷材 生态猪舍：结构自防水，未另加防水层	保温隔热措施	教学楼：30mm 挤塑聚苯保温板 +40mm 钢筋细石混凝土保护层 生态猪舍：无
屋面设计类型	教学屋顶：原设计覆土植草屋面。后改为： 1. 深覆土种植屋面； 2. 一般平顶旱生作物种植屋面； 3. 一般平顶水生作物种植屋面； 4. 深蓄水种植（养殖）屋面。 生态猪舍：一般平顶旱生作物种植屋面	种植池建造方式及栽培模式	教学楼：1. 畦垄型作物种植区；2. 果树作物种植区；3. 水生作物种植区；4. 水产养殖区 生态猪舍：蓄水型畦垄型旱生作物（蓄水层 × 畦宽 × 垄宽 × 垄高分别为 10cm × 100cm × 25cm × 25cm）
防根穿刺措施	教学楼屋顶：无 生态猪舍：无	种植基质类型；厚度（cm）	普通园土 +10% 有机肥；教学楼屋顶（果园、菜园 50cm，水田湿地 15~40cm，水产养殖区水深 50cm）牧场屋顶种植层 22cm
屋顶灌溉方案	教学楼：屋顶菜园与果园采用沟灌、蓄水渗灌，人工浇灌；水田与水池为漫灌 生态猪舍：屋顶为蓄水渗灌	屋顶排水设计	教学楼：屋顶原女儿墙内排水沟采用蛇形管做成暗沟，四周覆陶砾，出水口比原来抬高 8cm，上覆土工布与 15cm 种植基质成种植带，排水与种植兼用 生态猪舍：整个屋面设计成蓄水池，溢水管口与设计水面齐平

(二)试点工程效果（用户体验）：

屋顶种植农作物种类	屋顶旱地：种植粮油、蔬菜、瓜类等作物 100 余种；果园：种植桃、梨、枇杷等 10 多类果树 水生植物种植区：种植水稻、茭白、慈菇、莲藕、荸荠等 10 余种；水产养殖区：养殖田鱼、甲鱼、泥鳅	主要耕作制	粮油作物 2 ~ 3 熟 / 年； 蔬菜作物 3 ~ 5 熟 / 年； 水生作物 1 ~ 2 熟 / 年； 果树为多年生作物
屋顶农作物生长情况（与地面种植比较）	很好	种植屋顶下室内舒适度（冬冷夏热，冬暖夏凉，或其他）	冬暖夏凉
种植屋顶渗漏情况（有或无）	植草屋面刚建成时屋顶有一处渗水，修补后，改成农用种植屋面至今，再无漏水现象发生	暴雨或连续雨天，屋顶积水情况（严重，轻微或无）	无论何种农业利用方式，种植基质上均未出现过积水现象，排水正常
屋顶农作物施肥与病虫防治对住户影响（严重，轻微或无）	无	屋顶农作物日常管理干扰正常工作或生活（严重，轻微或无）	无

评价：

1. 利用师生餐饮剩余物、绿化垃圾、人畜排泄物等众多废弃资源，在学校教学楼屋顶建花园、菜园、水田、瓜果长廊与果园，在学校绿化带配套建设生态猪舍，开辟校园循环农业系统，创造了无与伦比的阳光农场。
2. 屋顶农场使建筑冬暖夏凉，夏季高温时段屋面降温 30 ℃以上，室内降温 5~10 ℃，是一个真正的低碳项目。
3. 下蓄水渗灌方式，可一次性积纳 150mL以上的雨量，屋顶作物补水次数非常有限，管理省力。
4. 校园循环农业系统，使包括餐饮剩余物在内的生物质垃圾，通过生物循环途径与生活污水最终成了屋顶农场与地面绿化的肥料与水源，做到了生物生活质垃圾与生活污水在学校区域内的完全消化，实现向社会排放的减量化甚至零排放，是真正绿色低碳概念。
5. 屋顶绿化与农场创建 6 年来除新房建成时有一处渗水，修复后没有再出现渗水与漏水现象。
6. 生态猪舍——建筑屋面设计荷载 $8kN/m^2$，比普通上人屋面的 $2kN/m^2$ 增加了 $6kN/m^2$，但取消了建筑找坡层与保温隔热层荷载，总建筑荷载增加有限，建筑成本没有增加，甚至有所节省。

我们通过屋顶造地为载体建立的循环农业方案，使院校内生活生物质垃圾与生活污水经生物途径层层传递，循环利用，是未来城市可持续发展方案，值得全国全社会推广。

濮家小学屋顶：课外教学园地与农作物栽培相结合

濮家小学屋顶：课外教学园地与农作物栽培相结合

方百才农居农用种植屋面工程效果调查

业主姓名(签名)：方百才　　地址：淳安县文昌镇光昌边村　　电话：15868187152　　调查（签名）：洪群　填表（签名）：李炳均

（一）工程概况：

建筑类别	农居	建成时间（ 年 月）	2009 年
建筑与屋面结构	砖混结构　　现浇钢筋混凝土屋面	屋顶设计坡度（ % ）	平屋顶，　坡度 0
屋顶总面积（m^2）	主房 143.2m^2 ，　辅房 40m^2	种植屋面面积（m^2）	主房 128.8m^2　辅房 40m^2
防水层做法	单层 SBS，上为 30mm 混凝土保护层	保温隔热措施	无
种植屋面设计类型	一般平顶旱生作物种植屋面。主房：加盖阳光房	种植池建造方式及栽培模式	整个屋面为一蓄水池，内设畦垄型种植区； 主房：设施栽培；附房：露地栽培
防根穿刺措施	无	种植基质类型；厚度（cm）	山地细砂土+10%兰花种植废弃料（松树皮）+5%有机肥； 厚 24cm
屋顶灌溉方案	主房：前期喷灌，后改为蓄水灌溉，阳光房顶雨水接入蓄水层 辅房为蓄水灌溉	屋顶排水设计	主房屋顶：四周设檐沟排水。超过设计水深之上水从排水沟溢流口排出 辅房屋顶：整个屋面无排水沟，溢流口与设计水位齐平，超深时自然满溢，排入地面蓄水池

(二) 试点工程效果（用户体验）：

屋顶种植农作物种类	主房屋顶为阳光房，前期种兰花与铁皮石斛等； 后为消纳生活污水改种普通作物，包括青菜、芥菜、萝卜、莴苣、茄子、番茄、芋艿、黄瓜、丝瓜、甜瓜、番薯、花生、马铃薯等40余种农作物	主要耕作制 （季或熟/年）	兰花与铁皮石斛为多年生作物；粮食作物2~3熟/年；蔬菜3~6熟/年
屋顶农作物生长情况 (与地面种植比较)	良好	种植屋顶下方室内舒适度 （冬冷夏热，冬暖夏凉，或其他）	冬暖夏凉
种植屋顶渗漏情况 （有或无）	无	暴雨或连续雨天，屋顶积水情况 （严重，轻微或无）	主房、附房屋顶均常年蓄水，溢水正常。无超深现象
屋顶农作物施肥与病虫防治对住户影响 (严重，轻微或无)	无	屋顶农作物日常管理干扰正常工作或生活 （严重，轻微或无）	无

评价：

1. 利用新建住房与辅房开辟了屋顶农田，实现建房不占地的理念，相当于把自留地搬到了屋顶上，可解决全家全年蔬菜自给（或1个月左右的粮食供应)。
2. 屋顶造地使建筑冬暖夏凉，夏天上人屋面不再有烘烤感。
3. 屋顶农田按有机农业方式耕作，通过在地面配套建设9m³的沼气池，收集生物质垃圾与粪尿入池，转变成沼气、沼液，同时还吸收附近4户农户经“五水共治”的尾水，用作屋顶农田及地面农业的肥料与水源，实现了1户农居生活生物质垃圾和5户农居生活污水的减量化(甚至零排放)。
4. 在建筑设计时加大了屋顶承载力，屋面的钢材、水泥用量略有增加，但不做找坡层与保温隔热层，建筑成本基本不增加。屋顶阳光房增加了相当的投入，但与地面设施农业（玻璃温室）比，不需要做地面硬化平整，成本反而节约。
5. 屋顶农田建成8年来，前期采纳喷灌与沟灌，喷灌对水质要求高且时常出故障，灌溉成本也高，沟灌时常会出现灌水不及时，作物长不好，后改成自动补水的蓄水渗灌，效果很好。
6. 屋顶农田建成至今，屋面没有出现渗水、漏水现象，也没有出现风灾等情况。

屋顶造地，是山区农民最方便的自留地，不仅能解决蔬菜及部分粮食供应，还节能，并消纳生活生物质垃圾与生活污水，值得推广。

浙江省淳安县文昌镇光昌边村生态农居屋顶花圃与菜园

农用种植屋面试点工程效果调查

单位名称（公章）：杭州千岛湖金恒服饰有限公司　　业主姓名(签名)：[签名]　　电话：13606717799
地址：淳安鼓山工业园区　　调查人（签名）：[签名]　　填表人（签名）：[签名]

（一）工程概况：

建筑类别	工业厂房与办公楼	建成时间（　年　月）	2010 年
建筑与屋面结构	混凝土框架结构；现浇钢筋混凝土屋面	屋顶坡度设计（%）	建筑找坡 3%
屋顶总面积（m²）	工业厂房：6000 办公楼：1300	种植屋面面积（m²）	工业厂房：5800 办公楼：1200
屋面防水层做法	防水涂料+SBS 防水卷材+30mm 细石混凝土保护层	保温隔热措施	工业厂房：无 办公楼：100mm 煤碴与砂石混合物隔热层，40mm 细石混凝土保护层
种植屋面设计类型	1. 工业厂房：原设计为普通上人屋面，后改为旱生作物种植屋面，上覆联栋塑料大棚； 2. 办公楼屋顶：原设计为普通上人屋面，后改为绿化种植与旱生作物种植屋面	种植池建造方式及栽培模式	工业厂房：屋顶中间设置走道，两边用花岗石或水泥砖或废弃包装木板，围成 60~100cm 宽，高 15~20cm 的种植畦，畦与畦之间留 60~80cm 的操作道；四幢建筑之上设计四座联栋塑料大棚； 办公楼：部分花园（包含水池）+花园式菜园设计（屋面在保温层上全面做防水处理，上覆花岗石保护，用砖砌成不同形状的种植池，池壁外侧与顶部用花岗石覆面）；露地栽培
防根穿刺措施	无	种植基质类型与厚度（cm）	1. 种植基质：东北泥炭 41%，珍珠岩 14%，牛粪 21%，有机肥 21%，蛭石 3%； 2. 厚度：工业厂房屋顶 15cm；办公楼屋顶 15~20cm
屋顶灌溉方案	1. 工业厂房屋顶：滴灌； 2. 办公楼屋顶：人工浇灌	屋顶排水设计	1. 四幢工业厂房屋顶，每幢都有独立的“回字形”排水沟； 2. 办公楼屋顶：南、北各有一条檐沟排水

(二) 试点工程效果（用户体验）：

种植作物种类	种植粮油、蔬菜、瓜类、铁皮石斛等作物，共 70 余种	主要耕作制	设施栽培蔬菜 3~6 熟/年； 露地种作物 2~3 熟/年
农作物生长情况与产量	良好	种植屋顶下方室内感受	冬暖夏凉
种植屋顶渗漏（有或无）	无	暴雨，或连续雨天屋顶积水（有或无）	无
屋顶施肥与病虫防治对生活影响(有或无)	无	屋顶种植管理对生活干扰（有或无）	无

用户评价：

1. **给生产车间隔热降温：**通过基质覆盖、作物遮阴隔热，在炎热夏天可降低生产车间室温，冬季给生产车间保温，从而减少车间空调使用，节省大量电费支出，低碳节能。
2. **对土地两次利用：**土地资源非常宝贵，当前工业与农业争地矛盾十分突出，“空中菜园”的开辟，从根本上解决了这一矛盾，实现“工业生产只占空间，少占或不占耕地”。
3. **生产绿色、有机放心蔬菜：**屋顶种植与地面种植别无二样，同样可以种粮、种菜。由于“空中菜园”高高在上，可控程度大大提高，受污染机会大大减少，是更贴近居民生活的菜园子，而且蔬菜更安全，更新鲜。
4. **生态环保，减少废物排放，保护千岛秀水：**通过建设“空中菜园”，配套建设了 $40m^2$ 的生态牧场，$80m^3$ 沼气池和 $80m^3$ 雨水收集池，还开辟了地下室食用菌栽培室。对全公司 300 余人的餐饮剩余物、农业副产品饲料化利用；对人、畜排泄物，生活生物质垃圾，绿化垃圾等有机废弃物，进行沼气化利用；除提供公司食堂绿色能源外，沼渣、沼液作为“空中菜园”优质有机肥。各类有机废弃物、生活污水，通过农业生物链在厂区内部循环利用，实现外排减量化，甚至“零排放”。
5. **“菜篮子”进城，城乡一体：**以屋顶农场为载体，在无地面耕地的城市区域，成立全国首家农业合作社。日常由两位农民管理，工人也参与播种、收获等农事劳动，农民与工人并存，“农民”已不再是身份的标签，“农业”仅是职业。城市内产蔬菜、食用菌与养殖，实现了真正的“城乡一体”。屋顶农产品销售收入完全可维持屋顶农业正常运转，包括生产成本与相当城市中等水平职工工资的农业工人工资支付。
6. **屋顶农业具有教育与娱乐功能：**城里的孩子要分清工业品与农产品的区别难，认识农产品对人类生存的重要性更难，只有接触农业，参与劳动，才能体会到“锄禾日当午，汗滴禾下土”的艰辛，才可能真正懂得农产品的特殊性与不可替代性，才会爱惜食品、珍惜粮食。同时“空中菜园”还是观光与休闲的理想场所，符合旅游产业导向，开辟屋顶农业观光是对旅游项目的补充和完善。

可以说城市“空中菜园”，实现了一、二、三产业的完美融合，是未来城镇可持续发展，低成本低影响开发的可靠模式，值得全社会推广。

淳安千岛湖金盛果蔬专业合作社屋顶农场

农用种植屋面工程效果调查

单位名称（公章）：杭州麦河生态农业开发有限公司　　业主姓名(签名)：方希高　　电话：18072908977
地址：新塘街道五联村东瑞四路 568 号　　调查人（签名）：　　填表人（签名）：李滔钧

（一）工程概况：

建筑类别	工业厂房	建成时间（　年　月）	2009 年
建筑与屋面结构	钢筋混凝土框架结构； 现浇钢筋混凝土屋面	屋顶坡度设计（%）	结构找坡 3%
屋顶总面积（m²）	2805	种植屋面面积（m²）	2425
屋面防水层做法	防水涂料 +SBS 防水卷材 +30mm 细石混凝土防护层	保温隔热措施（有或无）	100mm 煤碴 +30mm 混凝土砂浆保护层
种植屋面类型	原按普通上人屋顶设计， 后改为大棚种植屋面	种植池建造方式与栽培模式	架设鸟巢结构塑料大棚：屋顶中部设置走道，两侧用钢管搭建底部宽 120cm，高 180cm 的 A 字形种植架，上覆打孔的挤塑板。作物种植属“气雾栽培”（水培的一种形式）
防根穿刺措施	无	种植基质类型、厚度（cm）	基质：无基质 厚度：0
屋顶灌溉方案	A 字形种植架内设置喷头，由电脑自动监测根系周围空气湿度，自动控制对根系雾喷	屋顶排水设计	屋顶两侧各有檐沟排水

（二）试点工程效果（用户体验）：

种植作物种类	番茄、生菜、瓜类等作物 70 余种	主要耕作制	每年种作物 3~5 茬
农作物生长情况（与地面种植比较）	良好	种植屋顶下方室内感受	冬暖夏凉
种植屋顶渗漏（有或无）	无	暴雨，或连续雨天屋顶积水（有或无）	无
屋顶施肥与病虫防治对生活影响（有或无）	无	屋顶种植管理对生活干扰（有或无）	无

用户评价：

1. 开启了安全利用老旧建筑屋顶农业模式：屋顶轻荷载农业利用，每平方米荷载负重不超过25kg，因此只要不是危房的平顶建筑，似乎都可以农业利用。
2. 屋顶农业修复建筑对自然生态的破坏，屋面覆绿使建筑冬暖夏凉。
3. 屋顶立体农业模式，比普通农田利用率高 2~3 倍，且采用无农药、无激素栽培，不但可解决城市居民部分蔬菜自给，还提高了食品的安全性。
4. 以屋顶农场为载体，申请成立了“杭州麦河生态农业开发有限公司”，开启产业化屋顶农业利用尝试，常年 4 人参与管理，农产品收入可维持屋顶农业正常运转，屋顶农业工人年收入与城市普通企业职工相仿。

我们认为这是一个充分利用旧屋顶资源的好方法，产业化开发有望实现城市蔬菜自给，是未来城镇可持续发展方案，值得全社会推广。

杭州麦河生态农业开发有限公司屋顶雾培蔬菜

杭州彭公竹子品市场有限公司农用种植屋面工程效果调查

单位名称（公章）：杭州彭公竹子品市场有限公司　　业主姓名（签名）：　　电话：

地址：浙江省杭州市彭公镇　　调查人（签名）：　　填表人（签名）：

（一）工程概况：

建筑类别	市场营业房	建成时间（　年　月）	2011 年
建筑与屋面结构	砖混结构　　现浇钢筋混凝土屋面	屋顶设计坡度（%）	建筑找坡，坡度 3%
屋顶总面积（m²）	22000	种植屋面面积（m²）	果园 20000
防水层做法	SBS 防水卷材	保温隔热措施	加气混凝土 10cm
屋面设计类型	荷载增强至 4kN/m² 的上人屋面设计	栽培方式设计	绿化+果园
防根穿刺措施	无	种植基质类型；厚度（cm）	普通园土；厚 10~30cm
屋顶灌溉方案	下设蓄排水板，滴灌+喷灌	屋顶排水设计	屋面南、北各有一条檐沟排水

（二）试点工程效果（用户体验）：

屋顶种植农作物种类	枇杷等果树，幼树阶段套种绿化	主要耕作制	果树为多年生作物
屋顶农作物生长情况（与地面种植比较）	略差	种植屋顶室内舒适度（冬冷夏热，冬暖夏凉，或其他）	冬暖夏凉
种植屋顶渗漏情况（有或无）	无	暴雨或连续雨天，屋顶积水情况（严重，轻微或无）	无
屋顶农作物施肥与病虫防治对住户影响（严重，轻微或无）	无	屋顶农作物日常管理干扰正常工作或生活（严重，轻微或无）	无

评价：

1. 利用市场营业房屋顶资源，开辟2万平方米屋顶果园，增加了市场植绿，美化了市场环境；
2. 屋顶果园每平方米改造成本虽然花费约100元人民币，但改善了营业房夏季的环境温度，使营业场所变得舒适而凉爽，具有明显的降温节能效果，投入还是值得的；
3. 营业房当初设计为一般上人的非种植屋顶，坡度>3%，后期改成果园，采用滴灌或喷灌方式解决屋顶植物对水分的需求，但有时因设备故障会出现供水不及时现象；
4. 屋顶建果园5年来，对建筑似乎没有影响，无渗水、漏水与风灾等风险。

我们开发屋项果园，利用废弃屋项资源改造成绿色建筑，是解决夏季营业房烘烤模式的好方法，但从建筑的安全性、科学性、合理性而言，屋顶种植应该从建筑设计开始，包括建筑荷载、屋面结构、种植系统设计、灌溉方案设计等，前期介入肯定会更安全，更省钱，也更便于农场的农业生产管理。

绿色建筑形式，屋顶菜园、果园，比较受住户欢迎 。

杭州彭公竹子品市场有限公司屋顶果园＋花园

农用种植屋面试点工程效果调查

单位名称（公章）：杭州伟林农业开发有限公司　　业主姓名(签名)：王林焕　　电话：13805756538
地址：杭州市萧山农业开发区　　调查人（签名）：洪魁　　填表人（签名）：李丽钧

（一）工程概况：

建筑类别	水产育苗场	建成时间（　年　月）	2010 年
建筑与屋面结构	砖混结构 ，现浇钢筋混凝土屋面	屋顶设计坡度（%）	纯平，坡度：0%
屋顶总面积（m²）	635.5	种植屋面面积（m²）	563.9
防水层做法	结构自防水	保温隔热措施	无
种植屋面设计类型	一般平顶水生作物种植屋面	种植池建造方式及栽培模式	女儿墙内（除排水过滤井）水田满铺，旱作时浅沟低畦；露地栽培
防根穿刺措施	无	种植基质类型；厚度（cm）	渔塘底泥；厚度：18 cm
屋顶灌溉方案	漫灌	屋顶排水设计	排水管口高度可在 2~25cm 间任意调节，满则溢

(二) 试点工程效果（用户体验）：

屋顶种植农作物种类	种植水稻、大豆、油菜等各类粮油作物和各类蔬菜作物，作物种类30余种	主要耕作制	水旱轮作；年种植作物2~5季
屋顶农作物生长情况（与地面种植比较）	一般	种植屋顶室内舒适度（冬冷夏热，冬暖夏凉，或其他）	冬暖夏凉
种植屋顶渗漏情况（有或无）	刚建成时有多处渗漏（水痕），覆土10天左右水痕消失，之后再无渗漏；2015年去掉覆土，准备加盖房子，闲置半年后，又出现多处渗水	暴雨或连续雨天，屋顶积水情况（严重，轻微或无）	无
屋顶农作物施肥与病虫防治对住户影响（严重，轻微或无）	无	屋顶农作物日常管理干扰正常工作或生活（严重，轻微或无）	轻微

评价：

1. 养殖场开发屋顶农田，解决了建筑占地与耕地保护的矛盾；
2. 屋顶造田，实现建筑冬暖夏凉，为育苗场提供舒适的环境温度；
3. 由于现浇屋顶配送混凝土中混有许多鸡蛋大小泥巴，泥巴块影响屋顶浇筑质量，在浇水养护期间就出现明显渗漏现象；考虑该建筑是水产育苗场，有渗水或漏水不影响水产育苗，所以在明知渗漏的情况下仍没有做防水处理；覆土做成水田后有显著的堵漏功能，覆土最初一周内有水迹，10天左右水迹全部消失，之后正常种植的4年间再无渗漏出现；2015屋顶加层盖房子，覆土被清除，闲置半年后又出现多处渗水。

屋顶造地农业利用优点多多，但必须保证浇筑质量，而且种植屋顶不能任意清除覆土，否则会导致漏水，值得引起屋顶种植者注意。

杭州伟林农业开发有限公司养殖场屋顶农田

丽水市莲都区太平乡长濑村农用种植屋面工程效果调查

单位名称（公章）：丽水市莲都区太平乡长濑村
业主姓名（签名）：莲都区太平乡长濑村村民委员会
调查人（签名）：王龙

地址：丽水市莲都区太平乡长濑村
电话：15990449289
填表人（签名）：李丽萍

（一）工程概况：

建筑类别	村委公厕	建成时间	2010 年
建筑与屋面结构	砖混结构。现浇钢筋混凝土坡屋面	屋顶设计坡度	坡顶＞30°
屋顶总面积（m²）	50	种植屋面面积（m²）	40
屋面防水层做法	无	保温隔热措施	无
屋面设计类型	普通现浇钢筋混凝土坡屋面设计，后改为坡顶种植屋面	种植池建造方式及栽培模式	坡顶种植。沿屋坡自排水沟内侧起向上设防滑挡土（挡土坎高 25cm，宽 10cm，间距 1 米）。挡土坎下方 1/3 处设ϕ 50@200cm 排水孔，用棕丝堵塞，挡土坎之间覆土；露地栽培
防根穿刺措施	无	种植基质类型；厚度（cm）	耕作土 5～20
屋顶灌溉方案	顶部滴灌，水顺坡而下	屋顶排水设计	同一般坡顶建筑，设外檐沟排水

（二）试点工程效果（用户体验）：

种植作物种类	曾种蔬菜、野菜	主要耕作制	蔬菜作物：一年 3~5 熟
农作物生长情况（与地面比较）	差不多	种植屋顶下方的室内舒适度感受	冬暖夏凉
种植屋顶渗漏（有或无）	无	暴雨，或连续雨天屋顶积水（有或无）	无
屋顶施肥与病虫防治对生活影响（有或无）	无	屋顶种植管理对生活干扰（有或无）	无

用户评价：

1. 利用新建村委公厕屋顶开辟坡顶农田，在建房的同时恢复部分土地，是集约利用土地资源的好方法；
2. 屋顶植绿，实现了真正的绿色建筑，冬暖夏凉，有节能效果；
3. 此村委公厕原设计是现浇坡顶，上覆瓦片，在建造后期改成坡顶种植屋面，种过蔬菜、野菜等作物；
4. 因坡顶，存在管理不便的缺陷。

丽水市莲都区太平乡长濑村村委公厕坡顶菜园

南京钟山创意产业有限公司农业种植屋面试点工程效果调查

单位名称（公章）：南京钟山创意产业有限公司　　联系人(签名)：刘洋昊　　电话：
地址：江苏省南京市栖霞区紫东路1号　　调查人(签名)：法魁　　填表人（签名）：李柏松

(一)工程概况：

建筑类别	写字楼	建成时间	2011年
建筑与屋面结构	钢架框架结构，现浇钢筋混凝土屋面	屋顶设计坡度(%)	建筑找坡，坡度3%
屋顶总面积(m²)	10000	种植屋面面积(m²)	6500
防水层做法	SBS防水卷材+3cm厚水泥砂浆	保温隔热措施	岩棉，厚度10cm
屋面设计类型	原设计普通上人屋面；后改为一般旱生作物种植屋面和绿化种植屋面	种植池建造方式及栽培模式	农业屋面：满铺，中间设走道，两边用砖砌挡土墙，上覆花岗石兼操作道或预制多功能走道板砌种植畦，花园式设计
防根穿刺措施	无	种植基质类型；厚度（cm）	山黄泥+25%东北泥炭土；厚度：25~30
屋顶灌溉方案	畦内每隔100cm，设高5cm的水泥砂浆挡水坎；滴灌+喷灌+人工浇灌	屋顶排水设计	屋面南、北各有一条檐沟排水

（二）试点工程效果（用户体验）：

屋顶种植农作物种类	同当地农村种植的粮油作物；瓜类作物；蔬菜作物等，几乎都种，共计种植超过 30 余种农作物	主要耕作制	一年 3~5 熟
屋顶农作物生长情况 （与地面种植比较）	多数差不多，有些好于地面	种植屋顶下的室内舒适度 （冬冷夏热，冬暖夏凉或其他）	冬暖夏凉
种植屋顶渗漏情况 （有或无）	无	暴雨或连续雨天，屋顶积水情况 （严重，轻微或无）	无
屋顶农作物施肥与病虫防治对住户影响 （严重，轻微或无）	无	屋顶农作物日常管理干扰正常工作或生活 （严重，轻微或无）	无

评价：

1. 利用写字楼屋顶资源，开辟 1 万平方米菜园（设计面积），一年四季种植各类蔬菜，基本能满足企业 1000 多名职工中餐蔬菜的自给。
2. 屋顶绿化与菜园最直接的好处是建筑冬暖夏凉，经测定夏季高温时段屋面可降温 20℃以上，顶层室内降温 5~7℃，该项目入选“江苏省绿色建筑示范——省级建筑节能专项引导资金项目”。
3. 写字楼群虽然在建设之初有考虑建成绿化低碳工程，但设计时还是按普通非种植上人屋面设计，只是荷载从普通的 2kN 增加到 4~5kN，工程验收后再改成屋顶菜园，因屋顶有坡度不滞水，在菜园工程中安装了滴灌、喷灌与人工浇灌等多种方式，以解决植物生长需求。
4. 屋顶菜园运转 5 年来，没有出现渗水、漏水与风灾风险，屋顶种植基本是安全可行的；我们通过屋顶造地建菜园尝试，认识到这是一个集约利用建筑区域各类废弃资源的好方法。
5. 屋顶菜园有投入有产出，1 万平方米屋顶菜园可收获 10 多万千克蔬菜，按市场价计算足够支付菜园管理人员工资，因此屋顶菜园比屋顶花园可持续性好，是更有前途的屋顶绿化方式。
6. 不足与改进：种植屋面在设计阶段介入或许更加科学合理，没必要再设置建筑找坡层与保温隔热层，既降低屋面荷载，又节省建筑成本；因为此种植屋面有坡度，虽然设置了挡水坎，但滞水能力仍然低下，农业种植时必须频繁补水，但又不断流失，因此水资源浪费大，如做成零坡度蓄水屋面，可充分滞纳利用雨水资源，土壤长期处于湿润状态，不但管理省时、省力，还有利作物生长和防止扬灰。

南京钟山创意产业有限公司屋顶农田与花园

彭秋根家屋顶农田农用种植屋面工程效果调查

单位名称（公章）：彭秋根家屋顶农田　　业主姓名(签名）：　　电话：18605882163

地址：绍兴县杨讯桥镇调山村　　调查人（签名）：[handwritten signature]　　填表人（签名）：[handwritten signature]

（一）工程概况：

建筑类别	农居	建成时间（　年　月）	2004年
建筑与屋面结构	建筑结构：砖混结构 钢筋混凝土现浇屋面	屋顶设计坡度（%）	纯平， 坡度：0%
屋顶总面积（m²）	133.6	种植屋面面积（m²）	110
防水层做法	结构自防水	保温隔热措施	无
种植屋面设计类型	一般平顶水生作物种植屋面	种植池建造方式及栽培模式	屋面四周留60cm人行道，内侧用砖砌种植池，池沿高20cm，两面水泥砂浆粉刷，池内泥土满铺；水田
防根穿刺措施	无	种植基质类型；种植层厚度（cm）	种植基质：普通园土 种植层厚度15cm，水深20cm（水面高于土顶5cm）
屋顶灌溉方案	漫灌、浇灌	屋顶排水设计	屋顶南北两侧每隔2m 设φ5cm排水孔，种水生作物时孔堵死，旱作时孔用棕丝堵塞滤水

（二）试点工程效果（用户体验）：

屋顶种植农作物种类	种植水稻、麦子、大豆、油菜等各类粮油作物和各类瓜果、蔬菜作物，作物种类 40 余种	主要耕作制	水旱轮作，一年 3~5 熟
屋顶农作物生长情况（与地面种植比较）	良好	种植屋顶室内舒适度（冬冷夏热，冬暖夏凉或其他）	冬暖夏凉
种植屋顶渗漏情况（有或无）	无	暴雨或连续雨天，屋顶积水情况（严重，轻微或无）	无
屋顶农作物施肥与病虫防治对住户影响（严重，轻微或无）	无	屋顶农作物日常管理干扰正常工作或生活（严重，轻微或无）	无

评价：

1. 利用新建住宅屋顶开辟农田，实现建房不占地。常年种植水稻、油菜、麦子、西瓜及各类蔬菜，相当于把自留地搬到了屋顶上，实现蔬菜与部分粮食自给，可应对自然灾害导致的饥荒；
2. 屋顶造地使建筑冬暖夏凉，顶层房间夏天不会因过度高温而难受；
3. 屋顶农田采纳有机农业方式耕作，利用充分腐熟的人粪尿作肥料，实现生活垃圾向社会的减量化排放；
4. 在建筑设计时加大了屋顶承载力，屋面的钢材、水泥用量略有增加，但不设找坡层与保温隔热层，总体建筑成本增加有限；
5. 屋顶农田耕作 14 年来没有出现过渗水、漏水、风灾等风险；

实践证明：屋顶农业是可行的，值得推广。

彭秋根家屋顶农田

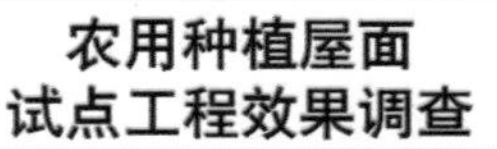

屋顶露地栽培农业案例

杭州奔丰汽车座椅有限公司屋顶农业
杭州市萧山区瓜沥镇永联村

杭州戴女士家屋顶农业
杭州市江干区望江家园东园 37 幢 31 楼

杭州陈女士家屋顶农业
杭州市西湖区银马公寓 1 幢 33 楼

绍兴艾罗肯特针织有限公司屋顶农业
绍兴市越城区三江环路 96 号

浙江野马湾娃娃鱼生态养殖有限公司地下养殖场顶造地　杭州富阳区银湖街道大地村野马湾

浙江野马湾娃娃鱼生态养殖有限公司地下养殖场顶农业

屋顶设施栽培农业案例

屋顶玻璃温室设施农业
淳安县千岛湖镇牡丹路 198 号

丽水市金铭温室大棚设备有限公司屋顶石斛基地

屋顶鸟巢结构塑料大棚设施农业
萧山区新塘街道东瑞四路 568 号

屋顶联栋塑料大棚设施农业
绍兴市绍兴袍江工业区汤公路 15号

绍兴渍新食品有限公司屋顶紫苏车间

屋顶轻钢结构玻璃大棚设施农业
淳安县千岛湖镇坪山路 118 号

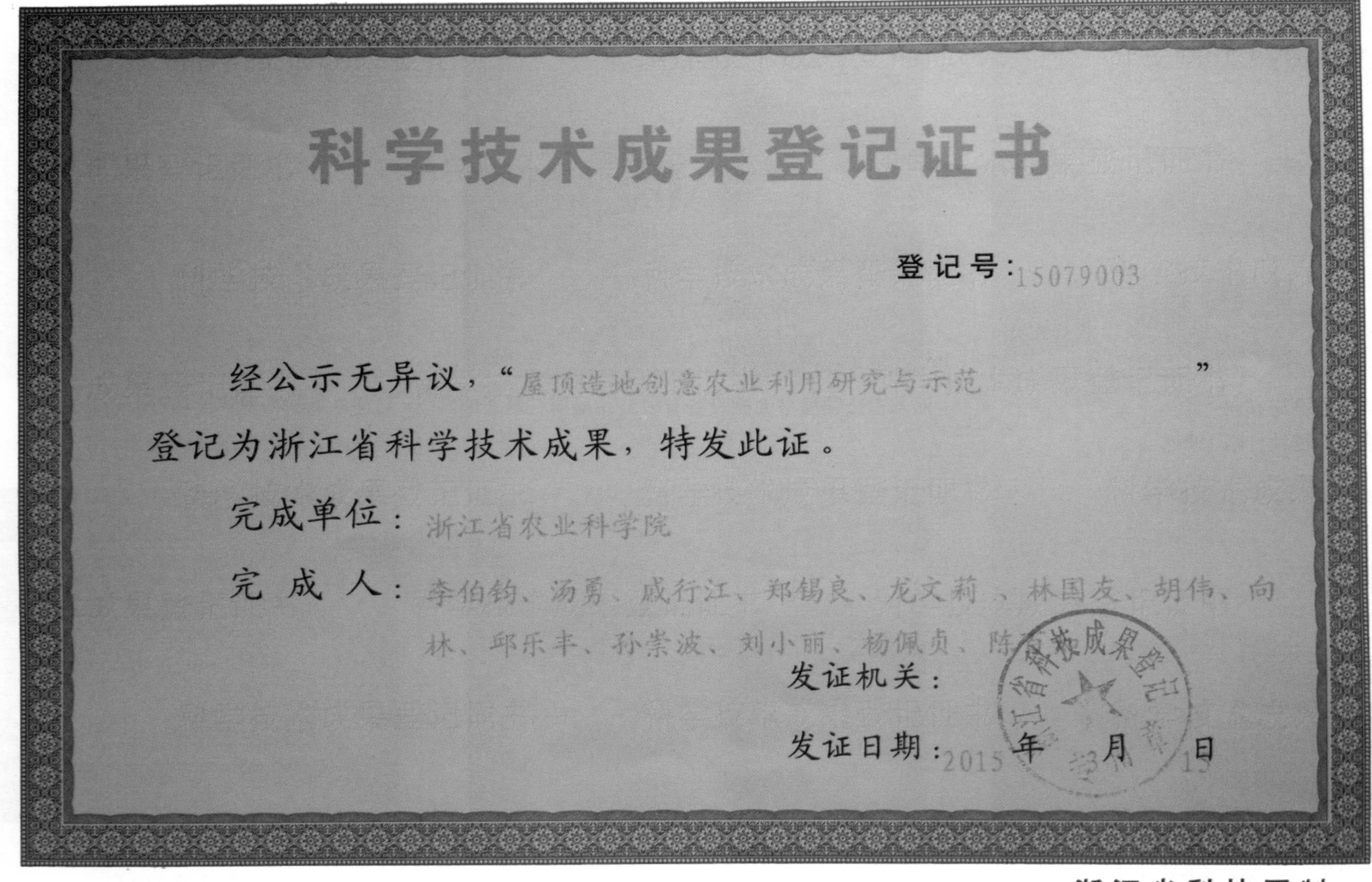

科学技术成果登记证书

登记号：15079003

经公示无异议，“屋顶造地创意农业利用研究与示范”

登记为浙江省科学技术成果，特发此证。

完成单位：浙江省农业科学院

完 成 人：李伯钧、汤勇、戚行江、郑锡良、龙文莉、林国友、胡伟、向林、邱乐丰、孙崇波、刘小丽、杨佩贞、陈[illegible]

发证机关：

发证日期：2015 年 3 月 15 日

浙江省科技厅制

家乐蜜仿地气种植框

都市种菜作为一种新兴的时尚体验，正得到越来越多人的喜爱。这款仿地气系列的种植框，让您足不出户就可以享受艺术化田园生活的乐趣，做一个快乐的都市农夫。

阳台室内款

露台屋顶款

标号	规格尺寸	颜色	适用场所
阳台室内款	42cm×51cm×29cm	白、棕	室内、阳台
露台屋顶款	42cm×51cm×40cm	白、棕	露台、屋顶、庭院

浙江家乐蜜园艺科技有限公司
电话：0571-86821206
邮箱：gardenbee@zhaos.net
地址：杭州市江干区杭海路238号森禾商务广场A座2101

仿地气种植框使用场景图

ZAAS

浙江省农科院

浙江省农业科学院

农业部创意农业重点实验室（试运行）

2016 年 12 月，农业部立足农业功能拓展学科发展和创意农业的技术进步，探索实践以“学科群”为单元建设重点实验室 。“农业部创意农业重点实验室（试运行）”隶属于“都市农业学科群”， 将功能基因组学和生物信息学等前沿技术与创意农业研究有机结合 ，围绕创意农业开展基础研究和应用研究。具体的研究内容包括：创意农业理论及工程设计理论研究、观赏作物资源开发利用及创意农业种质创新、特种空间农业技术利用、创意功能农产品开发利用等。实验室始终致力于浙江省乡村振兴战略实施，推动美丽乡村建设和现代农业发展，使传统农业不断向“五养”（养生、养胃、养心、养智、养眼）、“五创”（理念创意、科技创新、产品创制、模式创优、文化创建）的新型农业业态转变。主要建设成效有：一是在科研进展及成果培育方面，获批项目 90 余项，总经费达 6000 多万元，其中国家重点研发计划 4 项、国家自然科学基金 3 项、国家级星火计划项目 1 项、国家现代农业产业技术体系专项 1 项、其他省部级课题 24 项。获得全国农牧渔业丰收奖二等奖 1 项；全国商业科技进步奖一等奖 1 项、三等奖 1 项；中华农业科技奖三等奖 1 项；浙江省科学技术进步奖一等奖 1 项、二等奖 2 项、三等奖 1 项； 浙江省科学技术奖二等奖 1 项、三等奖 2 项；浙江省农业厅技术进步奖二等奖 1 项。发表论文 24 篇，其中 14 篇被 SCI 收录；发表专著 3 部等。二是在 “三农” 政策咨询方面充分发挥智库作用，参与起草的《新时期乡村治理机制的嬗变与创新》获袁家军省长批示；《关于加快我省山区产业一体化发展的建议》 获孙景淼副省长批示 ；《加快融入“一带一路”，浙江农业 “走出去” 正当其时》的研究建议被《经济要参》《改革内参》等两大国家级权威内部刊物录用。2017 年，实验室研究团队获“浙江省工人先锋号”荣誉称号。

浙江省农业科学院农业农村部创意农业重点实验室（试运行）

地址 ：浙江省杭州市石桥路 198 号电话：0571-87332353